建筑施工组织与管理
（第3版）

主　编　刘　兵　刘广文
副主编　李海全　冯　凯　高立翠　郭　烽
参　编　张瑜楠　王　冰　王兴民　刘清馨
主　审　牟培超

北京理工大学出版社
BEIJING INSTITUTE OF TECHNOLOGY PRESS

内 容 提 要

　　本书全面系统地介绍了建筑施工组织、施工项目管理的内容体系及BIM技术在施工场地布置中的应用，注重理论联系实际。本书依据《工程网络计划技术规程》（JGJ/T 121—2015）和《建筑施工组织设计规范》（GB/T 50502—2009），结合注册建造师考试大纲的有关要求，同时针对土木建筑类教育的特点编写而成。全书共分6个项目：项目1为施工组织原理，项目2为施工组织设计编制，项目3为施工组织设计编制实例，项目4为建设工程施工进度控制，项目5为施工组织设计管理及建设工程项目管理概述，项目6为基于BIM的施工场地布置。

　　本书可作为高等院校土木工程类相关专业的教学用书，也可以作为岗位培训教材，还可供建筑施工一线基层管理人员学习参考。

版权专有　侵权必究

图书在版编目（CIP）数据

建筑施工组织与管理 / 刘兵，刘广文主编 . —3版 . —北京：北京理工大学出版社，2020.6

ISBN 978-7-5682-8489-9

Ⅰ. ①建⋯　Ⅱ. ①刘⋯ ②刘⋯　Ⅲ. ①建筑工程－施工组织 ②建筑工程－施工管理　Ⅳ. ①TU7

中国版本图书馆CIP数据核字（2020）第089978号

出版发行 / 北京理工大学出版社有限责任公司	
社　　址 / 北京市海淀区中关村南大街5号	
邮　　编 / 100081	
电　　话 /（010）68914775（总编室）	
（010）82562903（教材售后服务热线）	
（010）68948351（其他图书服务热线）	
网　　址 / http://www.bitpress.com.cn	
经　　销 / 全国各地新华书店	
印　　刷 / 天津久佳雅创印刷有限公司	
开　　本 / 787毫米×1092毫米　1/16	
印　　张 / 14.5	责任编辑 / 钟　博
字　　数 / 352千字	文案编辑 / 钟　博
版　　次 / 2020年6月第3版　2020年6月第1次印刷	责任校对 / 周瑞红
定　　价 / 58.00元	责任印制 / 边心超

图书出现印装质量问题，请拨打售后服务热线，本社负责调换

FOREWORD 第3版前言

"建筑施工组织与管理"是土木工程建筑类专业及施工相关专业单向职业能力学习领域的一门主干核心课程,其理论性和实践性都较强。理论性体现在编制施工组织设计的步骤及方法上,编制施工进度计划方法中的流水施工和施工网络计划理论两个方面的内容尤其重要,这些知识理论系统性较强,也比较枯燥。经过本书第1版及第2版的使用,结合学生对书本知识内容的接受及反应,经多次与教学教师广泛交流,编者感到实际教学中学生由于没有实际的工程经验,很难理解施工组织的完整过程,也很难编制出适用的施工组织设计。本书在第2版的基础上修改了多处错误,在完善及调整相关案例的基础上补充增加了相关实训练习及现实工程中比较先进的BIM技术在施工组织设计中的应用实例等内容。

本书编写及调整的一个突出特色是将理论与实践实务两者有机结合,以理论为基础,以工程案例为切入点,重点突出实际工程中的应用,力求使学生学习完本课程后,可以把知识及理论应用到施工组织与管理中去。

本书从理论联系实际的角度出发,以工作过程为导向,以能力培养为重点进行编写。全书共分6个项目:项目1为施工组织原理,项目2为施工组织设计编制,项目3为施工组织设计编制实例,项目4为建设工程施工进度控制,项目5为施工组织设计管理及建设工程项目管理概述,项目6为基于BIM的施工场地布置。本书以实务案例教学为主,突出案例的指导作用,通过有代表性的案例,使学生很快熟悉施工组织设计的内容和步骤及实际施工中的施工进度控制的相关检查及调整方法,初步掌握施工组织设计编写的要领及施工管理的手段。

本书以工作过程为导向,以工程基本常见实际案例类型为基础,以现行国家的法律、标准和规范为依据,如《建筑施工组织设计规范》(GB/T 50502—2009)、《工程网络计划技术规程》(JGJ/T 121—2015)、《建筑工程施工质量验收统一标准》(GB 50300—2013)、《危险性较大的分部分项工程安全管理规定》(住房和城乡建设部令第37号)、《施工现场临时建筑物技术规范》(JGJ/T 188—2009)等。

本书在每个项目前给出了项目学习概述、学习目标及学习重点,并在每个项目结束后列出了项目小结。每个项目配备了相关的复习思考题或实训练习题,充分地从教学特点及工作实际出发,重点突出学生能力的培养。

本课程培养学生面向的岗位主要是施工单位的施工员和监理单位的监理员,同时本书也可供广大相关工程技术人员参考使用。

  本书由刘兵、刘广文担任主编,由李海全、冯凯、高立翠和郭烽担任副主编,张瑜楠、王冰、王兴民、刘清馨参与了本书的编写工作,具体编写分工为:项目1由刘兵、冯凯、郭烽编写;项目2由刘兵、刘广文、王兴民编写;项目3由刘广文、王冰编写;项目4由李海全、张瑜楠编写;项目5由刘兵、刘广文编写;项目6由高立翠、刘清馨编写。全书由牟培超主审。

  本书附赠教学资源包含教学课件及课程相关动画,读者可通过访问链接:https://pan.baidu.com/s/1s2A6KekFupoYl9uD6eu1tw(提取码:5u8p),或扫描右侧的二维码进行下载。在本书修订过程中,编者参阅了国内同行的多部著作,部分高等院校的老师提出了很多宝贵的意见,在此表示衷心的感谢!

  本书虽经反复讨论修改,但限于编者的学识及专业水平和实践经验,修订后仍难免有疏漏和不妥之处,恳请广大读者指正。

编 者

FOREWORD 第 2 版前言

"建筑施工组织与管理"是高等院校土建类相关专业单向职业能力学习领域的一门主干核心课程。这门课程的理论性和实践性都很强。理论性体现在编制施工组织设计的步骤及方法上,编制施工进度计划方法中的流水施工和施工网络计划理论两方面的内容尤其重要,这些知识理论系统性较强,也比较枯燥。经过本书第1版的使用,结合学生对书本知识内容的接受及反应,经多次与教学教师广泛交流,编者感觉到在实际教学中学生由于没有实际的工程经验,很难理解施工组织设计的完整过程,也很难编制出适用的施工组织设计。在第1版的基础上,我们修改了多处错误,完善、补充增加了相关实践及案例内容。本书编写及调整的一个突出特色是将理论与实践实务二者有机结合,以理论为基础,以工程案例为切入点,重点突出实际工程中的应用,力求使学生学习完本课程后可以把知识及理论应用到施工组织与管理中去。

本书从理论联系实际的角度出发,以工作过程为导向,以能力培养为重点进行编写。本书共分5个项目。项目1为施工组织原理,项目2为施工组织设计的编制,项目3为施工组织设计的编制实例,项目4为建设工程施工进度控制,项目5为施工组织设计管理及建设工程项目管理概述。本书以实务案例教学为主,突出案例的指导作用,通过有代表性的案例学习,使学生很快熟悉施工组织设计的内容和步骤以及实际施工中施工进度控制的相关检查及调整方法,初步掌握施工组织设计编写的要领及施工管理的手段。

本书以工作过程为导向,以工程基本常见实际案例类型为基础。本书以现行国家的法律、标准和规范为依据,如《建筑施工组织设计规范》(GB/T 50502—2009)、《工程网络计划技术规程》(JGJ/T 121—2015)、住建部建质〔2009〕87号文《危险性较大的分部分项工程安全管理办法》、《施工现场临时建筑物技术规范》(JGJ/T 188—2009)等。

本书在每个项目前给出了项目学习概述、学习目标及学习重点,并在每个项目结束后列出了项目小结。每个项目配备了相关的复习思考题或实训练习题,充分地从教学特点及工作实际出发,重点突出学生能力的培养。

本书培养学生面向的岗位主要是施工单位的施工员和监理单位的监理员,同时本书也可供广大相关工程技术人员参考使用。

本书由国家一级注册结构师牟培超副教授主审;由国家注册造价师、土地估价师、副教授刘兵,一级注册建造师、高级工程师刘广文担任主编;由李海全、冯凯、郭烽担任副主编;参与编写的还有张瑜楠、王冰、王兴民。项目1由刘兵、冯凯、郭烽编写;项目2由刘兵、刘广文、王兴民编写。项目3由刘广文、王冰编写;项目4由李海全、张瑜楠编写;项目5由刘兵、刘广文编写。

  本书在编写过程中参考了大量文献资料,在此谨向原作者们致以诚挚的谢意。

  由于编者水平有限,本版图书的编写及调整工作难免有不足之处,请读者批评指正。

编 者

FOREWORD 第1版前言

"建筑施工组织与管理"是建筑工程技术专业、工程监理专业及施工相关专业面向职业能力学习领域的一门主干核心课程。这门课程的理论性和实践性都很强。理论性体现在编制施工组织设计的步骤及方法上,编制施工进度计划方法中的流水施工和施工网络计划理论两方面的内容尤其重要,这些知识理论系统性较强,也比较枯燥。实际教学中学生由于没有实际的工程经验,很难理解施工组织的完整过程,也很难编制出适用的施工组织设计。本书的一个突出特色是将二者有机结合,以理论为基础,以工程案例为切入点,重点突出实际工程中的应用,力求使学生学习完本课程后,可以把知识及理论应用到施工组织与管理中去。

本书从理论联系实际的角度出发,以工作过程为导向,以能力培养为重点进行编写。本书共分5个项目:项目1为施工组织原理,项目2为施工组织设计的编制,项目3为施工组织设计编制实例,项目4为建设工程施工进度控制,项目5为施工组织设计管理及建设工程项目管理概述。全书以案例教学为主,突出案例的指导作用,通过有代表性的案例学习,使学生能够很快熟悉施工组织设计的内容和步骤以及实际施工中施工进度控制的相关检查及调整方法,初步掌握施工组织设计编写的要领及施工管理的手段。

本书突出了以工作过程为导向的特点,基于工程实际案例,以现行国家的法律、标准和规范为依据进行编写,如《建筑施工组织设计规范》(GB/T 50502—2009)、《工程网络计划技术规程》(JGJ/T 121—1999)、住建部建质〔2009〕87号文《危险性较大的分部分项工程安全管理办法》、《施工现场临时建筑物技术规范》(JGJ/T 188—2009)等。

本书在每个项目前给出了学习概述、学习目标及学习重点,并在每个项目结束后列出了项目小结。每个项目还配备了相关的复习思考题或实训练习题,从教学特点及工作实际出发,重点突出学生能力的培养。

本书培养学生面向的岗位主要是施工单位的施工员和监理单位的监理员,同时本书也可供广大相关工程技术人员参考使用。

全书由国家一级注册结构师牟培超副教授主审,由国家注册造价师、土地估价师、副教授刘兵,一级注册建造师、高级工程师刘广文担任主编;由李海全,冯凯、郭烽担任副主编;参与编写的还有张瑜楠、王冰、王兴民。项目1由刘兵、冯凯、郭烽编写;项目2由刘兵、刘广文、王兴民编写；项目3由刘广文、王冰编写；项目4由李海全、张瑜楠编写；项目5由刘兵、刘广文编写。

本书在编写过程中参考了大量文献资料，在此谨向原作者们致以诚挚的谢意。

由于编者水平有限，书中难免有不足之处，敬请读者批评指正。

编　者

目录

项目1 施工组织原理 ……………………… 1

任务1 施工组织概论 ………………………… 1
- 1.1.1 基本建设项目 ……………………… 1
- 1.1.2 施工组织简介 ……………………… 5

任务2 流水施工原理 ………………………… 12
- 1.2.1 流水施工的定义 …………………… 12
- 1.2.2 组织施工方式 ……………………… 12
- 1.2.3 流水施工的技术经济效果 ………… 14
- 1.2.4 流水施工的分类与组织流水施工的条件 ……………………………… 15
- 1.2.5 流水施工表达方法 ………………… 15
- 1.2.6 流水施工参数 ……………………… 17
- 1.2.7 流水施工基本组织方式 …………… 20
- 1.2.8 建筑群体流水(大流水方式) ……… 28

任务3 网络计划原理 ………………………… 30
- 1.3.1 网络图的基本定义及原理 ………… 30
- 1.3.2 网络计划技术的应用及优化 ……… 31
- 1.3.3 网络图的基本类型 ………………… 32
- 1.3.4 双代号网络图 ……………………… 33
- 1.3.5 单代号网络图 ……………………… 47
- 1.3.6 时标网络图及其应用 ……………… 51
- 1.3.7 计划协调技术简介 ………………… 56
- 1.3.8 网络计划的优化 …………………… 58
- 1.3.9 网络计划检查及调整 ……………… 82

项目2 施工组织设计编制 ……………………… 90

任务1 施工组织总设计编制 ………………… 90
- 2.1.1 施工组织总设计的作用、编制程序及依据 ……………………………… 90
- 2.1.2 施工组织总设计的编制内容 ……… 91

任务2 单位工程施工组织设计编制 ……… 103
- 2.2.1 单位工程施工组织设计的编制依据 ……………………………… 103
- 2.2.2 单位工程施工组织设计的编制程序 ……………………………… 103
- 2.2.3 单位工程施工组织设计的内容 … 104

项目3 施工组织设计编制实例 ……… 141

任务1 砖混结构施工组织实务 …………… 141
- 3.1.1 砖混结构施工特点及施工组织设计的内容、编制依据和编制程序 … 142
- 3.1.2 砖混结构施工方案、施工方法的选择及进度计划的编制 ………… 143

任务2 混凝土结构施工组织实务 ………… 151
- 3.2.1 混凝土结构施工概述 …………… 153
- 3.2.2 混凝土结构施工方案与施工进度计划的编制 ……………………… 153

任务3 钢结构施工组织实务 ……………… 163
- 3.3.1 钢结构施工概述 ………………… 163
- 3.3.2 钢结构施工组织设计施工方案、施工方法的选择与施工进度计划的编制 ……………………………… 164

项目4 建设工程施工进度控制 ……… 174

任务1 建设工程施工进度控制概述 ……… 174
- 4.1.1 进度控制的含义 ………………… 174
- 4.1.2 影响进度的因素分析 …………… 175
- 4.1.3 进度控制的措施和主要任务 …… 176

任务2 建设工程施工进度计划的表示方法和编制程序 …………………………… 177

4.2.1 建设工程施工进度计划的表示方法 …… 177
4.2.2 建设工程施工进度计划的编制程序 …… 178
任务3 单位工程施工进度计划的编制 …… 181
　4.3.1 单位工程施工进度计划的编制依据 …… 181
　4.3.2 单位工程施工进度计划的编制步骤 …… 181
任务4 建设工程施工进度计划实施中的检查与调整 …… 183
　4.4.1 影响建设工程施工进度的因素 …… 183
　4.4.2 施工进度动态检查 …… 184
　4.4.3 施工进度计划调整 …… 191
任务5 建设工程施工阶段进度控制 …… 192
　4.5.1 施工进度控制目标体系 …… 192
　4.5.2 施工进度控制目标的确定 …… 193
　4.5.3 施工进度控制工作内容 …… 194

项目5　施工组织设计管理及建设工程项目管理概述 …… 203

任务1 施工组织设计的编制、审核与审批 …… 203
　5.1.1 施工组织设计编制、审核与审批的一般规定 …… 203
　5.1.2 危险性较大的分部分项工程施工方案编制、审核与审批的一般规定 …… 204
任务2 施工组织设计动态管理 …… 204
任务3 建设工程项目管理概述 …… 205
　5.3.1 项目的定义与特征 …… 205
　5.3.2 建设工程项目 …… 205
　5.3.3 建设工程项目管理 …… 206

项目6　基于BIM的施工场地布置 …… 211

任务1 基于BIM的施工场地布置简介 …… 211
任务2 基于BIM的施工场地布置应用 …… 212
　6.2.1 工程设置、工程概况及企业徽标 …… 212
　6.2.2 CAD图纸导入 …… 213
　6.2.3 施工场地设施布置 …… 214
　6.2.4 场地设施统计 …… 219
　6.2.5 场地规范检查 …… 220

参考文献 …… 222

项目 1 　施工组织原理

> **学习要求**

学习概述	学习目标	学习重点
本项目阐述基本建设项目的特点及分类、基本建设程序、施工组织设计的定义、流水施工原理、网络计划原理。	通过对本项目的学习，掌握施工组织设计的定义和内容、流水施工原理、流水施工横道图的编制方法和网络图的编制方法。	施工组织设计的定义、流水施工的定义、横道图的编制方法、网络图的编制方法。

任务 1 　施工组织概论

★1.1.1 基本建设项目★

项目是一个特殊的将要被完成的有限任务，它是在一定时间内满足一系列特定目标的多项相关工作的总称。项目的定义包含三层含义：第一，项目是一项有待完成的任务，且有特定的环境与要求；第二，在一定的组织机构内，利用有限的资源（人力、物力、财力等）在规定的时间内完成任务；第三，任务要满足一定性能、质量、数量、技术指标等要求。这三层含义对应项目的三重约束——时间、费用和性能。项目的目标就是满足客户、管理层和供应商在时间、费用和性能（质量）上的不同要求。

基本建设项目简称建设项目或建设单位，是指具有一个设计任务书，按一个总体设计进行施工，经济上实行独立核算，行政上具有独立的组织形式的企事业单位。

1.1.1.1 基本建设项目的特点

按我国现行规定，一个基本建设项目应具有以下基本特点：

随着对基本建设项目投资体制的改革，一个建设项目可以有一个投资主体，也可以有若干个投资主体。投资主体本身可以独立核算、互不关联，但当联合投资一个建设项目时应实行统一核算、统一管理。建设项目以建设工期、投资额及质量为约束目标，最终形成固定资产。一个建设项目是以投资资金的价值形态投入为开始，经过合理的建设周期，到形成扩大再生产的固定资产的实物形态为结束。在这个投入产出的全过程中，应使建设项目达到预期的生产能力、技术水平或使用效益，应遵循必要的建设程序。

一个建设项目从提出项目建设的建议、可行性研究（方案选择、评估及决策等）、勘察设计、施工直到竣工验收、投入运行，建设的全过程须经过几个阶段，并严格遵循一定的先后顺序。基本建设项目管理体制虽然正发生较大的变革，但不应把建设项目必须遵循基本建设程序与国家对建设项目的管理权限混淆，即使由投资者自主决策、自我管理的建设项目，也应遵循建设过程的先后顺序。建设项目按特定的任务，具有建设一次性的特点。建设一次性，一方面表现在对建设项目的一次性投入，另一方面表现在建设地点的一次性固定。建设项目一旦建在某个地点，其组成的建筑物、构筑物即在建筑位置上不能移动。由于各建设项目的结构形式、规模及环境条件等的差异，一个建设项目只能有一种设计，使用一次，并为缩短建设工期应确保建设过程的连续性，以投资限额作为确定建设项目的标准。一定量投资额以上的建设项目，需要根据我国对建设项目管理体制的变化和实际管理工作的需要确定投资限额标准。不同时期投资限额标准有所不同，随着对建设项目投资体制的深入改革，投资限额标准也逐步提高。

根据上述基本建设项目的定义和特点，一般可将一个企业（或联合企业）、事业单位或独立工程作为一个建设项目。

1.1.1.2　基本建设项目的分类

为适应基本建设宏观管理和微观管理的需要，基本建设项目主要有以下几种分类方法。

1. 按建设性质分类

建设性质是指建设项目所采取的实现形式。按建设性质不同，基本建设项目可分为新建、扩建、改建、迁建及恢复项目。

（1）新建项目：指从无到有，通过建设完成的工程项目。通过再建的工程项目，企业或事业单位新增加的固定资产价值超过其原有全部固定资产3倍以上的，属于新建项目。

（2）扩建项目：指企业、事业单位为扩大原有产品的生产能力或效益和新产品的生产能力而完成的项目。如发电厂为提高发电的生产能力及工程效益，对新增机组的建设属于扩建项目。

（3）改建项目：指企业、事业单位对原有厂房、设备和工艺流程进行的整体技术改造项目及固定资产更新的项目和增建附属、辅助工程等。

（4）迁建项目：指由于改变生产布局或环境保护和安全生产及其他特殊需要而搬迁到其他地方的建设项目。

（5）恢复项目：指企业、事业和行政单位的原有固定资产因自然灾害（超标准的地震或洪水等）或战争等原因遭到全部或部分报废，又重新投资建设的项目。这类项目无论是按原规模恢复建设，还是在恢复中同时进行扩建，均属于恢复项目。

基本建设项目按建设性质分类，对于其管理来说，可根据建设性质建立与项目管理相适应的组织管理机构，并根据管理对象的特点合理使用建设资金。

2. 按管理需要分类

按我国对项目管理的需要，建设项目可划分为基本建设项目和技术改造项目。其划分主要考虑以下几个因素：

（1）以工程建设的内容、主要目的划分：把以扩大生产能力（或新增工程效益）为主要建设内容和目的的建设项目作为基本建设项目；把以节约、提高质量、降低能源消耗，治理"三废"，劳保安全为主要目的的建设项目作为技术改造项目。

（2）以投资来源划分：利用国家预算内拨款及银行基本建设贷款为主的建设项目应作为基本建设项目；利用企业基本折旧基金、企业自有资金和银行技术改造贷款为主的建设项目应作为技术改造项目。

(3)以土建工作量划分：项目土建工作量投资占整个项目投资的30%以上的建设项目均可作为基本建设项目。

3. 按建设规模分类

考虑建设规模的差异及建设项目分级管理的需要，按国家规定的规模标准，基本建设项目可划分为大型项目、中型项目和小型项目。

(1)按批准的可行性研究报告(或初步设计)所确定的总设计能力或总投资额的大小，遵照《基本建设项目大中小型划分标准》进行划分。

(2)对于建成后生产单一产品的基建项目，以该产品设计能力作为建设规模划分的标准。

(3)对于对国民经济和社会发展影响较大的项目，即使设计能力或投资标准不够，但经国家批准，可按大中型项目或国家重点建设项目进行管理。

(4)技术改造项目一般按投资额划分，可划分为限额以上项目和限额以下项目。其具体划分标准应根据经济发展和项目管理的需要有所变化。我国现行标准规定：按投资额标准划分的基本建设项目，能源、交通、原材料部门的项目投资额达到5 000万元以上，其他部门和全部非生产性建设项目投资额达到3 000万元以上的为大中型建设项目，此限额以下的为小型建设项目。技术改造项目只按投资额标准划分，达到5 000万元以上的为限额以上项目，5 000万元以下的为限额以下项目。

基本建设项目按建设规模分类，可明确各级基本建设管理部门管理项目的权限和责任，建立健全责、权、利相结合的项目管理责任制。

4. 按投资主体分类

随着建设项目投资主体多元化的逐步形成，按投资主体划分，基本建设项目可分为以下几类：

(1)国家投资的建设项目：指全部或主要由国家财政资金及银行贷款资金和由国家统借统还的外国政府或国际金融组织贷款的建设项目。

(2)地方政府投资的建设项目：指全部或主要由地方政府财政资金及银行贷款资金和由地方政府统借统还的外国政府或国际金融组织贷款的建设项目。

(3)企业投资的建设项目：指全部或主要由各地方企业资金及银行贷款资金组织贷款的建设项目。

(4)各类投资主体联合投资的建设项目：指有投资能力的各投资人或投资主体进行联合投资或贷款投资的建设项目。

了解投资主体的不同，可使项目管理者明确资金使用要求及相关的利益关系，合理筹措和节约使用建设资金。

5. 按项目管理体制分类

(1)按项目隶属关系分类。隶属关系是指项目在行政上或业务上所直属的上级机关。其可分为以下几项：

①部直属单位：由国务院各部、委、局、总公司直接领导和管理的建设单位，应负责根据国家计划的安排编制和下达各年度或阶段计划，组织项目的实施，协调和解决建设中所发现的问题。

②地方领导和管理的建设单位。

③国内合资建设项目：其隶属关系按项目所在单位行政上的隶属关系确定。合建的中央项目，全部投资列入"中央"管理；合建的地方项目，全部投资列入"地方"管理。

这样划分可使项目管理者有效地组织项目建设所需的资金和物资供应，加快工程建设进度。

(2) 按管理系统分类。按管理系统分类，即按国务院归口部门对建设单位分类，一般以建设单位为对象划分，一个建设单位只能列入管理系统中某一个归口部门。

6. 其他分类

除上述 5 种分类方法外，还可以按各建设项目的规模和复杂程度的不同，从大到小划分为若干个单项工程、单位工程、分部工程和分项工程等。

(1) 单项工程。单项工程是指具有独立的设计文件，竣工后可以独立发挥生产能力或效益的工程，也称为工程项目。一个建设项目可以由一个或几个单项工程组成。

(2) 单位工程。单位工程是指具有单独设计图纸，可以独立施工，但完工后一般不能独立发挥生产能力和效益的工程。一个单项工程通常由若干个单位工程组成。例如，一个工业车间通常由建筑工程、管道安装工程、设备安装工程、电气安装工程等单位工程组成。

(3) 分部工程。分部工程一般是按单位工程的部位、构件性质、使用的材料或设备种类等划分的工程。按其部位不同，可划分为基础、主体、屋面和装修等分部工程；按其工种不同，可划分为土石方工程、砌筑工程、钢筋混凝土工程、防水工程和抹灰工程等。

(4) 分项工程。分项工程一般是按分部工程的施工方法、使用的材料、结构构件的规格等不同因素划分的，它是一个用简单的施工过程就能完成的工程。如房屋的基础分部工程可以划分为挖土、混凝土垫层、砌毛石基础和回填土等分项工程。

综上所述，一个建设项目是由一个或几个单项工程组成的；一个单项工程是由几个单位工程组成的；一个单位工程又是由若干个分部工程组成的，一个分部工程还可以划分为若干个分项工程。

1.1.1.3 基本建设程序

按照基本建设的技术经济特点及其规律性，规定基本建设程序主要包括以下 9 个步骤。这些步骤的顺序不能任意颠倒，但可以合理交叉。

(1) 编制项目建议书：对建设项目的必要性和可行性进行初步研究，提出拟建项目的轮廓设想。

(2) 开展可行性研究和编制设计任务书：具体论证和评价项目在技术和经济上是否可行，并对不同方案进行分析比较；可行性研究报告作为设计任务书（也称计划任务书）的附件。设计任务书对是否上这个项目，采取什么方案，选择什么建设地点等作出决策。

(3) 进行设计：从技术和经济上对拟建工程作出详尽规划。大中型项目一般采用两阶段设计，即初步设计与施工图设计。技术复杂的项目可增加技术设计阶段，按三阶段设计。

(4) 安排计划：进行可行性研究和初步设计，送请有条件的工程咨询机构评估，经认可，报计划部门，经过综合平衡，列入年度基本建设计划。

(5) 进行建设准备：包括征地拆迁，搞好"三通一平"（通水、通电、通道路、平整场地），落实施工力量，组织物资订货和供应，以及其他各项准备工作。

(6) 组织施工：准备工作就绪后，提出开工报告，经过批准，即开工兴建；遵循施工序，按照设计要求和施工技术验收规范进行施工安装。

(7)生产准备：生产性建设项目开始施工后，及时组织专门力量，有计划、有步骤地开展生产准备工作。

(8)验收投产：按照规定的标准和程序，对竣工工程进行验收，编制竣工验收报告和竣工决算，并办理固定资产交付生产使用的手续。小型建设项目的建设程序可以简化。

(9)项目后评价：项目完工后对整个项目的造价、工期、质量、安全等指标进行分析评价或与类似项目进行对比。

★1.1.2 施工组织简介★

施工组织是根据批准的建设计划、设计文件(施工图)和工程承包合同，对建筑安装工程任务从开工到竣工交付使用所进行的计划、组织、控制等活动的统称。

施工组织是依据工程本身的特点，将人力、资金、材料、机械和施工方法这5个要素进行科学、合理的安排，以便在一定时间内实现有组织、有计划、有秩序的施工，使工程项目质量好、进度快、成本低。对于具体的工程项目，在选定了施工方法和方案后，都要进行时间组织、空间组织和资源组织，这是施工组织最重要的三大组织。

1.1.2.1 施工组织设计的定义

2009年10月1日起实行的国家推荐性标准《建筑施工组织设计规范》(GB/T 50502—2009)对施工组织设计的定义是："以施工项目为对象编制的，用以指导施工的技术、经济和管理的综合性文件。"

同时规范规定："施工组织设计按编制对象，可分为施工组织总设计、单位工程施工组织设计和施工方案。"

施工组织总设计是以若干单位工程组成的群体工程或特大型项目为主要对象编制的施工组织设计，对整个项目的施工过程起统筹规划、重点控制的作用。

单位工程施工组织设计是以单位(子单位)工程为主要对象编制的施工组织设计，对单位(子单位)工程的施工过程起指导和制约作用。

施工方案是以分部(分项)工程或专项工程为主要对象编制的施工技术与组织方案，用以具体指导其施工过程。

1.1.2.2 施工组织总设计的编制内容

根据《建筑施工组织设计规范》(GB/T 50502—2009)的规定，施工组织总设计的主要内容包括工程概况、总体施工部署、施工总进度计划、总体施工准备与主要资源配置计划、主要施工方法、施工总平面布置。

1. 工程概况

工程概况应包括项目主要情况和项目主要施工条件等。

(1)项目主要情况应包括下列内容：

①项目的名称、性质、地理位置和建设规模；

②项目的建设、勘察、设计和监理等相关单位的情况；

③项目设计概况；

④项目承包范围及主要分包工程范围；

⑤施工合同或招标文件对项目施工的重点要求；
⑥其他应说明的情况。
(2)项目主要施工条件应包括下列内容：
①项目建设地点气象状况；
②项目施工区域地形和工程水文地质状况；
③项目施工区域地上、地下管线及相邻的地上、地下建(构)筑物情况；
④与项目施工有关的道路、河流等状况；
⑤当地建筑材料、设备供应和交通运输等服务能力状况；
⑥当地供电、供水、供热和通信能力状况；
⑦其他与施工有关的主要因素。

2. 总体施工部署

(1)施工组织总设计应对项目总体施工作出下列宏观部署：
①确定项目施工总目标，包括进度、质量、安全、环境和成本目标；
②根据项目施工总目标的要求，确定项目分阶段(期)交付的计划；
③明确项目分阶段(期)施工的合理顺序及空间组织。
(2)对项目施工的重点和难点应进行简要分析。
(3)总承包单位应明确项目管理组织机构形式，其宜采用框图的形式表示。
(4)对项目施工中开发和使用的新技术、新工艺应作出部署。
(5)对主要分包项目施工单位的资质和能力应提出明确要求。

3. 施工总进度计划

(1)施工总进度计划应按照项目总体施工部署的安排进度编制。
(2)施工总进度计划可采用网络图或横道图表示，并附必要说明。

4. 总体施工准备与主要资源配置计划

(1)总体施工准备应包括技术准备、现场准备和资金准备等。技术准备、现场准备和资金准备应满足项目分阶段(期)施工的需要。
(2)主要资源配置计划应包括劳动力配置计划和物资配置计划等。
①劳动力配置计划应包括下列内容：
a. 确定各施工阶段(期)的总用工量；
b. 根据施工总进度计划确定各施工阶段(期)的劳动力配置计划。
②物资配置计划应包括下列内容：
a. 根据施工总进度计划确定主要工程材料和设备的配置计划；
b. 根据总体施工部署和施工总进度计划确定主要周转材料和施工机具的配置计划。

5. 主要施工方法

(1)施工组织总设计应对项目涉及的单位(子单位)工程和主要分部(分项)工程所采用的施工方法进行简要说明。
(2)对脚手架工程、起重吊装工程、临时用水用电工程、季节性施工等专项工程所采用的施工方法进行简要说明。

6. 施工总平面布置

(1)施工总平面布置应符合下列原则：

①平面布置应科学合理,施工场地占用面积少;
②合理组织运输,减少二次搬运;
③施工区域的划分和场地的临时占用应符合总体施工部署和施工流程的要求,减少相互干扰;
④充分利用既有建(构)筑物和既有设施为项目施工服务,降低临时设施建造费用;
⑤临时设施应方便生产和生活,办公区、生活区和生产区宜分离设置;
⑥符合节能、环保、安全和消防等要求;
⑦遵守当地主管部门和建设单位关于施工现场安全文明施工的相关规定。
(2)施工总平面布置应满足下列要求:
①根据项目总体施工部署,绘制现场不同阶段(期)的总平面布置图;
②施工总平面布置图的绘制应满足国家相关标准要求并附必要说明。
(3)施工总平面布置应包括下列内容:
①项目施工用地范围内的地形状况;
②全部拟建的建(构)筑物、施工机械的布置和其他设施的位置;
③项目施工用地范围内的加工设施,运输设施,存储设施,供电设施,供水供热设施,排水排污设施,临时施工道路和办公、生活用房等;
④施工现场必备的安全、消防、保卫和环境保护等设施;
⑤相邻的地上、地下既有建(构)筑物及相关环境。

1.1.2.3　单位工程施工组织设计的编制内容

根据《建筑施工组织设计规范》(GB/T 50502—2009)的规定,单位工程施工组织设计的主要内容包括工程概况、施工部署、施工进度计划、施工准备与资源配置计划、主要施工方案、施工现场平面布置。

1. 工程概况

工程概况应包括工程主要情况、各专业设计简介和工程施工条件等。
(1)工程主要情况应包括下列内容:
①工程的名称、性质和地理位置;
②工程的建设、勘察、设计、监理和总承包等相关单位的情况;
③工程承包范围和分包工程范围;
④施工合同、招标文件或总承包单位对工程施工的重点要求;
⑤其他应说明的情况。
(2)各专业设计简介应包括下列内容:
①建筑设计简介应依据建设单位提供的建筑设计文件进行描述,包括建筑规模、建筑功能、建筑特点、建筑耐火、防水及节能要求等,并应简单描述工程的主要装修做法。
②结构设计简介应依据建设单位提供的结构设计文件进行描述,包括结构形式、地基基础形式、结构安全等级、抗震设防类别、主要结构构件类型及要求等。
③机电及设备安装专业设计简介应依据建设单位提供的各相关专业设计文件进行描述,包括给排水及采暖系统、通风与空调系统、电气系统、智能化系统、电梯等各个专业系统的做法要求。
(3)工程施工条件应参照1.2.2节1.(2)"项目主要施工条件"所列内容进行说明。

2. 施工部署

（1）工程施工目标应根据施工合同、招标文件以及本单位对工程管理目标的要求确定，包括进度、质量、安全、环境和成本等目标。各项目标应满足施工组织总设计中确定的总体目标。

（2）施工部署中的进度安排和空间组织应符合下列规定：

①工程主要施工内容及其进度安排应明确说明，施工顺序应符合工序逻辑关系；

②施工流水段应结合工程具体情况分阶段进行划分；单位工程施工阶段的划分一般包括地基基础、主体结构、装修装饰和机电设备安装 4 个阶段。

（3）对工程施工的重点和难点应进行分析，包括组织管理和施工技术两个方面。

（4）工程管理的组织机构形式应按照 1.2.2 节 2.(3) 的规定执行，并确定项目经理部的工作岗位设置及其职责划分。

（5）对工程施工中开发和使用的新技术、新工艺应作出部署，对新材料和新设备的使用应提出技术及管理要求。

（6）对主要分包工程施工单位的选择要求及管理方式应进行简要说明。

3. 施工进度计划

（1）单位工程施工进度计划应按照施工部署的安排进行编制。

（2）施工进度计划可采用网络图或横道图表示，并附必要说明；对于工程规模较大或较复杂的工程，宜采用网络图表示。

4. 施工准备与资源配置计划

（1）施工准备应包括技术准备、现场准备和资金准备等。

①技术准备应包括施工所需技术资料的准备、施工方案编制计划、试验检验及设备调试工作计划、样板制作计划等。

a. 主要分部（分项）工程和专项工程在施工前应单独编制施工方案，施工方案可根据工程进展情况分阶段编制完成，对需要编制的主要施工方案应制订编制计划；

b. 试验、检验及设备调试工作计划应根据现行规范、标准中的有关要求及工程规模、进度等实际情况制订；

c. 样板制作计划应根据施工合同或招标文件的要求并结合工程特点制订。

②现场准备应根据现场施工条件和工程实际需要，准备现场生产、生活等临时设施。

③资金准备应根据施工进度计划编制资金使用计划。

（2）资源配置计划应包括劳动力配置计划和物资配置计划等。

①劳动力配置计划应包括下列内容：

a. 确定各施工阶段用工量；

b. 根据施工进度计划确定各施工阶段劳动力配置计划。

②物资配置计划应包括下列内容：

a. 主要工程材料和设备的配置计划应根据施工进度计划确定，包括各施工阶段所需主要工程材料、设备的种类和数量；

b. 工程施工主要周转材料和施工机具的配置计划应根据施工部署和施工进度计划确定，包括各施工阶段所需主要周转材料、施工机具的种类和数量。

5. 主要施工方案

（1）单位工程应按照《建筑工程施工质量验收统一标准》(GB 50300—2013)中分部、分项工程的划分原则，对主要分部、分项工程制订施工方案。

(2)对脚手架工程、起重吊装工程、临时用水用电工程、季节性施工等专项工程所采用的施工方案应进行必要的验算和说明。

6. 施工现场平面布置

(1)施工现场平面布置图应参照1.2.2节6.(1)、(2)施工总平面布置的原则和要求的规定并结合施工组织总设计，按不同施工阶段分别绘制。

(2)施工现场平面布置图应包括下列内容：

①工程施工场地状况；

②拟建建(构)筑物的位置、轮廓尺寸、层数等；

③工程施工现场的加工设施、存储设施、办公和生活用房等的位置和面积；

④布置在工程施工现场的垂直运输设施、供电设施、供水供热设施、排水排污设施和临时施工道路等；

⑤施工现场必备的安全、消防、保卫和环境保护等设施；

⑥相邻的地上、地下既有建(构)筑物及相关环境。

1.1.2.4 施工方案的编制内容

根据《建筑施工组织设计规范》(GB/T 50502—2009)的规定，施工方案的主要内容包括工程概况、施工安排、施工进度计划、施工准备与资源配置计划、施工方法及工艺要求。

1. 工程概况

工程概况应包括工程主要情况、设计简介和工程施工条件等。

(1)工程主要情况应包括分部(分项)工程或专项工程名称，工程参建单位的相关情况，工程的施工范围，施工合同、招标文件或总承包单位对工程施工的重点要求等。

(2)设计简介应主要介绍施工范围内的工程设计内容和相关要求。

(3)工程施工条件应重点说明与分部(分项)工程或专项工程相关的内容。

2. 施工安排

(1)工程施工目标包括进度、质量、安全、环境和成本等目标，各项目标应满足施工合同、招标文件和总承包单位对工程施工的要求。

(2)工程施工顺序及施工流水段应在施工安排中确定。

(3)针对工程的重点和难点，进行施工安排并简述主要管理和技术措施。

(4)工程管理的组织机构及岗位职责应在施工安排中确定，并应符合总承包单位的要求。

3. 施工进度计划

(1)分部(分项)工程或专项工程施工进度计划应按照施工安排，并结合总承包单位的施工进度计划进行编制。

(2)施工进度计划可采用网络图或横道图表示，并附必要说明。

4. 施工准备与资源配置计划

(1)施工准备应包括下列内容：

①技术准备：技术准备包括施工所需技术资料的准备，图纸深化和技术交底的要求，试验、检验及测试工作计划，样板制作计划以及相关单位的技术交接计划等；

②现场准备：现场准备包括生产、生活等临时设施的准备以及与相关单位进行现场交

接的计划等；

③资金准备：资金准备编制资金使用计划等。

(2)资源配置计划应包括下列内容：

①劳动力配置计划：劳动力配置设计确定工程用工量并编制专业工种劳动力计划表；

②物资配置计划：物资配置计划包括工程材料和设备配置计划，周转材料和施工机具配置计划以及计量、测量和检验仪器配置计划等。

5. 施工方法及工艺要求

(1)明确分部(分项)工程或专项工程施工方法并进行必要的技术核算，明确主要分项工程(工序)的施工工艺要求。

(2)对易发生质量通病、易出现安全问题、施工难度大、技术含量高的分项工程(工序)等应重点说明。

(3)对开发和使用的新技术、新工艺以及采用的新材料、新设备，应通过必要的试验或论证并制订计划。

(4)对季节性施工应提出具体要求。

1.1.2.5 主要施工管理计划

1. 一般规定

(1)施工管理计划应包括进度管理计划、质量管理计划、安全管理计划、环境管理计划、成本管理计划以及其他管理计划等内容。

(2)各项管理计划的制订应根据项目的特点有所侧重。

2. 进度管理计划

(1)项目施工进度管理应按照项目施工的技术规律和合理的施工顺序，保证各工序在时间上和空间上的顺利衔接。

(2)进度管理计划应包括下列内容：

①对项目施工进度计划进行逐级分解，通过阶段性目标的实现保证最终工期目标的完成；

②建立施工进度管理的组织机构并明确职责，制订相应管理制度；

③针对不同施工阶段的特点，制订进度管理的相应措施，包括施工组织措施、技术措施和合同措施等；

④建立施工进度动态管理机制，及时纠正施工过程中的进度偏差，并制订特殊情况下的赶工措施；

⑤根据项目周边环境特点，制订相应的协调措施，减少外部因素对施工进度的影响。

3. 质量管理计划

(1)质量管理计划可参照《质量管理体系 要求及使用指南》(GB/T 19001—2016)，在施工单位质量管理体系的框架内编制。

(2)质量管理计划应包括下列内容：

①按照项目具体要求确定质量目标并进行目标分解，质量指标应具有可测量性；

②建立项目质量管理的组织机构并明确职责；

③制订符合项目特点的技术保障和资源保障措施，通过可靠的预防控制措施，保证质量目标的实现；

④建立质量过程检查制度,并对质量事故的处理作出相应的规定。

4. 安全管理计划

(1)安全管理计划可参照《职业健康安全管理体系 要求及使用指南》(GB/T 45001—2020),在施工单位安全管理体系的框架内编制。

(2)安全管理计划应包括下列内容:

①确定项目重要危险源,制订项目职业健康安全管理目标;

②建立有管理层次的项目安全管理组织机构并明确职责;

③根据项目特点,进行职业健康安全方面的资源配置,预防职业病、季节性流行病和各种传染病;

④建立具有针对性的安全生产管理制度和职工安全教育培训制度;

⑤针对项目重要危险源,制订相应的安全技术措施,对达到一定规模的危险性较大的分部(分项)工程和特殊工种的作业应制订专项安全技术措施的编制计划;

⑥根据季节、气候的变化,制订相应的季节性安全施工措施;

⑦建立现场安全检查制度,并对安全事故的处理作出相应规定。

(3)现场安全管理应符合国家和地方政府部门的要求。

5. 环境管理计划

(1)环境管理计划可参照《环境管理体系 要求及使用指南》(GB/T 24001—2016),在施工单位环境管理体系的框架内编制。

(2)环境管理计划应包括下列内容:

①确定项目重要环境因素,制订项目环境管理目标;

②建立项目环境管理的组织机构并明确职责;

③根据项目特点,进行环境保护方面的资源配置;

④制订现场环境保护的控制措施;

⑤建立现场环境检查制度,并对环境事故的处理作出相应规定。

(3)现场环境管理应符合国家和地方政府部门的要求。

6. 成本管理计划

(1)成本管理计划应以项目施工预算和施工进度计划为依据编制。

(2)成本管理计划应包括下列内容:

①根据项目施工预算,制订项目施工成本目标;

②根据施工进度计划,对项目施工成本目标进行阶段分解;

③建立施工成本管理的组织机构并明确职责,制订相应的管理制度;

④采取合理的技术、组织和合同等措施,控制施工成本;

⑤确定科学的成本分析方法,制订必要的纠偏措施和风险控制措施。

(3)必须正确处理成本与进度、质量、安全和环境等之间的关系。

7. 其他管理计划

(1)其他管理计划宜包括绿色施工管理计划,防火保安管理计划,合同管理计划,组织协调管理计划,创优质工程管理计划,质量保修管理计划以及对施工现场人力资源、施工机具、材料设备等生产要素的管理计划等。

(2)其他管理计划可根据项目的特点和复杂程度加以取舍。

(3)各项管理计划的内容应有目标，有组织机构，有资源配置，有管理制度和技术、组织措施等。

基本建设项目管理是站在投资主体、业主、建设单位的立场或角度，对项目建设进行的一种专业性的管理工作。具体来说，管理者通过一定的组织形式，采取各种措施、方法对投资建设一个项目的全过程进行规划、协调、监督、控制和综合评价，以达到保证项目的质量标准、缩短建设工期及提高投资效益的目的。

任务 2 　　流水施工原理

★1.2.1　流水施工的定义★

流水施工是指把具体的施工过程组织成具有均匀性、连续性及规律性的一种施工组织方式。具体解释为：相同过程之间采取依次施工的组织方式，不同或相邻的施工过程之间采取最大可能的搭接，以缩短施工时间，按一定的时间间隔依次投入施工，各个施工过程陆续开工，陆续完工，使同一施工过程的专业队保持连续、均衡施工，相邻专业队能最大限度地搭接施工。

★1.2.2　组织施工方式★

考虑工程项目的施工特点、工艺流程、资源利用、平面或空间布置等要求，组织施工时有依次施工、平行施工、流水施工等组织方式。下面通过例子说明并特点和效果进行分析。

【例1-1】　某四幢相同结构的基础工程，施工过程为：基槽挖土(2d，1班16人)、混凝土垫层(1d，1班30人)、砖砌基础(3d，1班20人)、基础回填土(1d，1班10人)，请组织施工。

1. 依次施工组织方式

依次施工类似于买东西排号，具体排号的方式又有按幢(按施工段)组织与按施工内容(按施工过程)组织两种。

(1)按幢组织：每幢所有工作全部完成后，再进行下幢施工，具体施工进度如图1-1所示。

这种组织方式的特点：各幢工作面利用充分，但施工班组有"窝工"现象，施工时间长。

(2)按施工内容组织：把所有幢的相同内容一起组织施工，每项内容的所有幢全部完成后再进行下项内容施工，具体施工进度如图1-2所示。

这种组织方式的特点：各施工班组连续施工，无"窝工"现象，但工作面有空闲，利用不充分，施工时间相对也长。

综上所述，依次施工会造成施工班组有"窝工"现象或工作面有空闲，利用不充分，且施工时间很长，故不利于总体施工的全面组织。

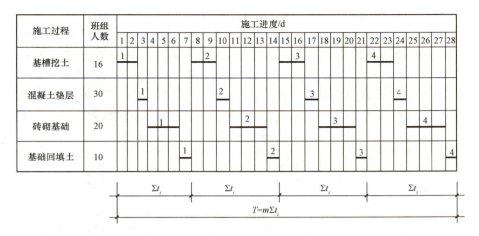

图 1-1 按幢组织的依次施工示意

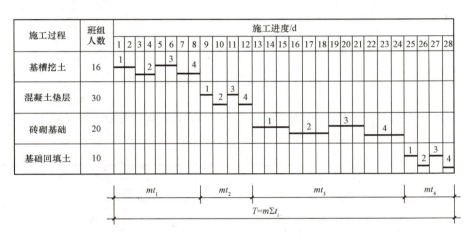

图 1-2 按施工内容组织的依次施工示意

2. 平行施工组织方式

平行施工即每项工作在所有幢上同时开始，同时结束，以最大限度地缩短施工持续时间，这样只用一幢的时间即完成全部内容，这就需要组织成倍的施工班组，如图 1-3 所示。由此可知，这种施工代价太大，其特点为施工时间很短，但消耗人力、物力、机具设备过多，施工现场平面布置复杂，现场管理困难，施工费用较高，故常用于工期较紧张的情况或抢工期（如季节性施工）条件下的局部或小范围内。若整体施工采用此种方式，投资将会成倍增加，故此种方式也不太适合大面积、大范围的组织施工。

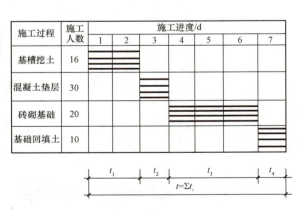

图 1-3 平行施工示意

3. 流水施工组织方式

前两种组织方式无法满足施工需要,所以要找到一种介于两者之间的方式,即施工时间不太长,而各项投入又不至于太大,尽可能保证施工均匀、连续且有规律的方式。这就是流水施工组织方式,对于本例,可以有两种方式,即无间断方式与有间断方式。

(1)无间断方式。为保证各施工内容无间断,无"窝工"现象,可以对相同内容采取依次按施工内容组织排列的方式,不同内容之间采取一种提前搭接的做法,如图1-4所示。

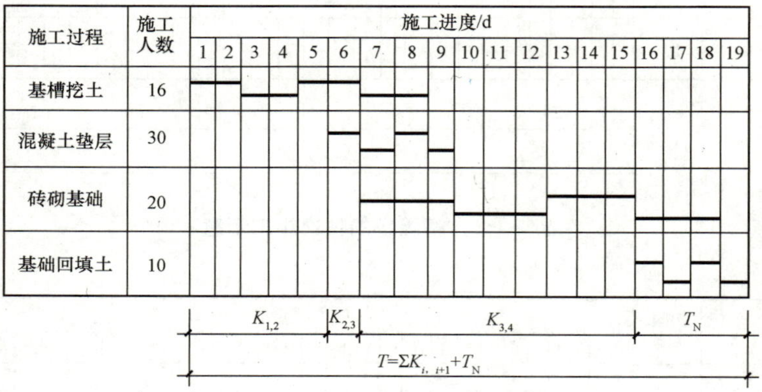

图1-4 无间断方式流水施工示意

这种组织方式的特点:比平行施工时间长,比依次施工时间短,劳动力投入较少,施工无"窝工"现象,保证了施工的连续。

(2)有间断方式。如果想进一步缩短施工时间,可以把垫层工作及回填土工作安排成间断的施工,以进一步缩短施工持续时间,如图1-5所示。

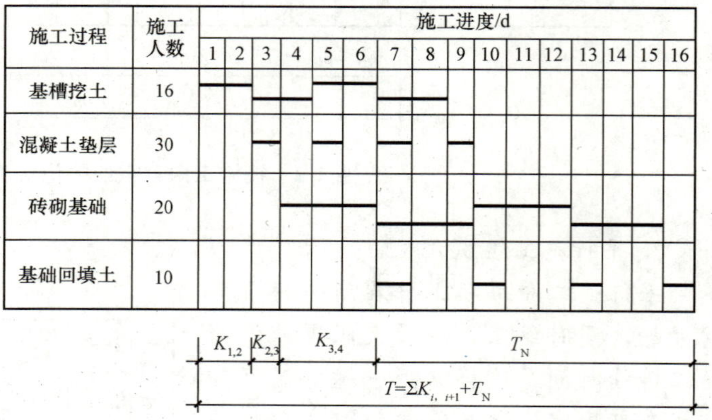

这种组织方式的特点:比平行施工时间长,比依次施工时间短,劳动力投入较少,施工较连续均衡,工作面利用较好。

需要注意的是,在保证主要工序连续均衡的条件下,可以适当使一些辅助工序间歇,以在一定程度上缩短施工时间。

图1-5 有间断方式流水施工示意

综上所述,流水施工的根本方法为:相同施工过程之间采取依次施工组织方式,不同或相邻的施工过程之间采取最大可能的搭接,以缩短施工时间。

★1.2.3 流水施工的技术经济效果★

(1)流水施工的连续性缩短了专业工作的间隔时间,达到了缩短工期的目的,可以使拟建工程项目尽早竣工,交付使用,发挥其投资效益。

（2）便于改善劳动组织，改进操作方法和施工机具，有利于提高劳动生产率。

（3）专业化的生产可提高工人的技术水平，使工程质量相应提高。

（4）工人技术水平和劳动生产率的提高，可以减少用工量和施工临时设施的建造量，降低工程成本，提高利润水平。

（5）可以保证施工机械和劳动力得到充分、合理的利用。

（6）由于工期短、效率高、用人少、资源消耗均衡，可以减少现场管理费和物资消耗，实现合理储存与供应，有利于提高项目的综合经济效益。

★1.2.4 流水施工的分类与组织流水施工的条件★

1.2.4.1 流水施工的分类

（1）按照组织内容的范围不同，流水施工大体划分为分项工程流水施工、分部工程流水施工、单位工程流水施工、群体工程流水施工四类。

（2）根据组织方式的特点，流水施工可分为有节奏及无节奏两大类。有节奏又可分为等节奏及异节奏；无节奏又称为分别流水。详细分类示意如图1-6所示。

图1-6 流水施工的分类示意（根据组织方式的特点）

具体采用何种方式进行组织，要根据具体工程及具体情况，经综合分析对比后确定。

1.2.4.2 组织流水施工的条件

（1）划分分部、分项工程。

（2）划分施工段。

（3）组织独立专业化的施工队伍。

（4）保证主导施工过程的连续、均衡。

（5）不同过程尽可能组织平行搭接施工。

★1.2.5 流水施工表达方法★

1. 横道图表达法

横道图表达法比较直观、易懂，常用于一线现场施工。其表达示例如图1-7所示。

2. 斜线图表达法

斜线图表达法比较抽象，不易懂，但相互工序间的关系显示较为直观，多为施工技术人员采用。其表达示例如图1-8所示。

3. 网络图表达法

网络图表达法较抽象，不易懂，但逻辑关系较强，详见本项目任务 3。其表达示例如图 1-9 所示。

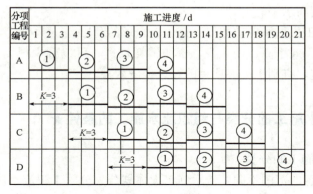

图 1-7 横道图表达示例

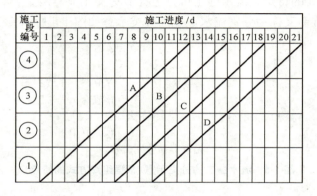

图 1-8 斜线图表达示例

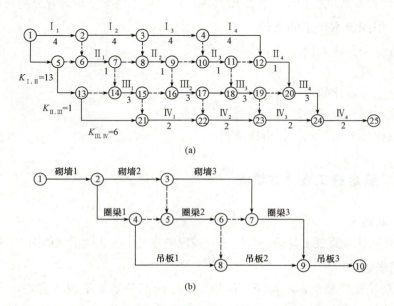

(a)

(b)

图 1-9 网络图表达示例
(a)规则排列的简图示意；(b)某主体施工排列示意

★1.2.6 流水施工参数★

一般常用的流水施工参数有工艺参数、空间参数及时间参数3类。这3类参数对于实际施工中组织流水施工，进行流水施工组织方式的编制非常重要，是进一步详细编制流水施工进度计划的基础。

1.2.6.1 工艺参数

工艺参数是指由工艺过程本身特点所决定的参数。一旦工艺过程确定了，这些参数也就基本上确定了，一般改动的可能性比较小。常用的工艺参数有施工过程及流水强度，其中施工过程数常以 N 或 n 表示。

施工过程数受多方面的影响，一般没有特定的公式，故要综合考虑多方面的因素，确定合理的工艺参数。

1. 施工过程数的影响

(1)进度计划的性质及作用。进度计划为控制性进度计划时，一般划分得比较简略；进度计划为直接面对施工的实施性进度计划(指导性进度计划)时，一般划分得比较详细，数量较多。

(2)施工方案及工程结构。不同的工程施工方案及结构类型，其划分的详略程度也是不同的。例如，单层工业厂房结构吊装方案不同，所划分的施工过程是不同的；混合结构与钢结构不同，其内在的工艺过程不同，所划分的施工过程有着明显区别及数量的不同。

(3)劳动组织及劳动量的大小。劳动组织为混合型施工班组时，一般划分较综合、简略。例如，对于住宅楼面混凝土工程，多按照混合施工班组进行劳动组合，常简略地划分成综合的现浇混凝土施工，再详细些也不过按构件不同划分而已；对于同样现浇混凝土框架结构楼面，经常要组织成专业化的施工班组，且各项劳动量相对都较大，故对不同的构件还要专门分出其支模、绑扎安装钢筋及浇筑混凝土等多道工程。另外，一般劳动量相对较大的过程单列，劳动量相对较小的、能与相邻工序结合较紧密的可以考虑适当合并。

(4)施工过程、内容和工作范围。一般在现场施工对象上所发生的过程要列入施工过程，在现场周围或现场范围以外所发生的过程如果联系不是太大可以不必列入主要的施工过程中。例如，施工所用的某些加工厂制作的预制构件，其制作过程没必要列入；现场范围内的某些预制小构件(小型预制过梁、预制沟盖板、钢筋保护层垫块等)的制作过程一般也不列入。

2. 施工过程数的确定

一般情况下，不同的组织形式其计算中所采取的施工过程数是不同的，可分为以下两种情况：

(1)当施工过程数＝施工班组数时：N＝施工过程数＝施工班组数。

(2)当施工过程数≠施工班组数时：若为流水施工，N＝施工班组数；若为平行施工，N＝施工过程数。

3. 流水强度

组织流水施工时，某施工过程在单位时间内所完成的工程数量，称为该过程的流水强度。

(1)人工施工过程的流水强度。

$$V_i = R_i S_i \tag{1-1}$$

式中　V_i——某施工过程 i 人工操作的流水强度；
　　　R_i——某施工过程 i 投入的班组人数；
　　　S_i——某施工过程 i 的班组平均产量定额。

(2)机械施工过程的流水强度。

$$V_i = \sum_{i=1}^{n} R_i S_i \tag{1-2}$$

式中　V_i——某施工过程 i 机械操作的流水强度；
　　　R_i——某施工过程 i 投入的某种机械台数；
　　　S_i——某施工过程 i 的某种施工机械的台班产量定额；
　　　n——投入某施工过程 i 的施工机械的种类数。

一般情况下，流水强度基本保持一个较为合适的常数。

1.2.6.2　空间参数

空间参数是指在空间上把施工对象划分成不同的劳动区段，水平划分的称为施工段，竖向划分的称为施工层，空间参数的总数量为施工段及施工层的总数。划分空间参数的目的是让不同的施工班组能同时在不同的劳动区段上共同工作，以避免相互停等或互歇，也就是尽量避免"窝工"，经常以 M 或 m 表示其数量。

1. 划分施工段的基本要求

(1)数目合理。施工段划分得过多会造成过多的空闲工作面，工期有可能被拖长，如果施工段划分得过少，则会造成操作面过大或劳动强度过大，也不利于施工，故其数目应保持在一个合理的范围内。

(2)各段劳动量大致相等，相差不应大于15%。劳动量大致相等主要是为了便于组织等节奏的流水，但如果不易达到，应尽量在劳动效率及能力范围内(15%)进行考虑。

(3)施工段的界限应不影响施工质量及操作规程。往往施工段的界限为临时施工班组交接的分界线，可能会出现短时的间断，故应绕过主要的受力部位或质量要求较为严格、重要的位置，且尽量设置在便于施工的地方。

(4)每一层施工段数目 M 不小于每层的施工过程数 N。一般情况下，当 $M<N$ 时，将会产生"窝工"现象；当 $M=N$ 时，工作过程无"窝工"，工作面无空闲，利用充分，为理想状态，但往往不易做到；当 $M>N$ 时，工作过程无"窝工"，但工作面有空闲，若控制适当，可以促进相互工作过程的施工方便。虽然两者为不等式的关系，但并不是越大越好。

2. 划分施工段的一般部位

划分施工段时一般要保证结构的整体性，可考虑以下部位：
(1)如果适当，可以考虑以伸缩缝、沉降缝等变形缝为界。
(2)单元式住宅常以单元分界处为界，必要时可以以半个单元为界。
(3)道路、管线类的长线形建筑工程，可以以一定的长度为界。
(4)多幢同类型的建筑，常以一幢为界。

如果没有上述情况，应尽量保证结构的整体性及适当考虑施工的方便程度，进行综合的确定与划分。

1.2.6.3 时间参数

1. 流水节拍

流水节拍是指某施工过程在某一施工段上完成工作所用的时间,常表示为 t_i^j(i 表示施工过程的序号;j 表示施工段的序号)。

通常情况下,某施工过程在不同施工段上的持续时间相等,故常以 t_i 表示。

(1)时间节拍的确定方法。

①定额计算法。定额计算法是根据各施工段的工程量、投入的资源量(工人人数、机械台数等),按照下式进行计算:

$$t_i = P_i/(R_i \times b) = Q_i/(S_i \times R_i b) = Q_i H_i/(R_i \times b) \tag{1-3}$$

式中 P_i——某施工过程 i 的劳动量;

Q_i——某施工过程 i 的工程量;

R_i——某施工过程 i 投入的班组人数;

S_i——某施工过程 i 的班组平均产量定额;

H_i——某施工过程 i 的班组平均时间定额;

b——某施工过程 i 的工作班次(一般取 1,最大不超过 3)。

②经验估算法。对于采用新结构、新工艺、新方法和新材料等无法用定额衡量的施工过程,可以采取做试验或实际操作对比的经验估算法进行确定,主要考虑 3 种状况下的时间(a、b、c)进行估算。其计算公式如下:

$$t_i = (a + 4c + b)/6 \tag{1-4}$$

式中 a——工作的最短施工时间(也称为最乐观时间);

b——工作的最长施工时间(也称为最悲观时间);

c——工作的最可能施工时间(也就是基本上正常情况下比较容易达到的时间)。

③工期计算法。对于某些工作过程在规定的日期内必须完成的,往往可以采用工期计算法(倒排进度法)进行估算,一般情况下可按下式估算:

$$t_i = T_i/M \tag{1-5}$$

式中 T_i——某分项过程要求的总施工时间;

M——某分项过程所划分的施工段数目。

对于等节奏流水施工方式,可以按下式进行计算:

$$t_i = T/(M + N - 1) \tag{1-6}$$

式中 T——某分部工程要求的总施工时间;

M——某分部工程所划分的施工段数目;

N——某分部(分项)工程施工过程数。

(2)确定流水节拍的考虑因素。以上所计算或确定的流水节拍,最终确定还要考虑多方面因素的影响,经常考虑以下几个方面:

①符合最少施工过程的组合人数;

②工作面大小或条件的限制;

③各机械的台班效率、台班产量;

④技术条件的要求;

⑤材料、构件等施工现场的堆放量、供应能力及其他条件的制约;

⑥主要的、工程量大的施工过程的节拍,其次确定其他节拍值;
⑦一般取整数,必要时可取 0.5 的倍数。

2. 流水步距

流水步距是指相邻的两个施工班组先后进入同一个施工段开始工作的时间间隔,常表示为 $K_{i,i+1}$。

(1)当 $t_i \leqslant t_{i+1}$ 时,其计算公式为

$$K_{i,i+1}=t_i+(Z_{i,i+1}-C_{i,i+1}) \tag{1-7}$$

(2)当 $t_i > t_{i+1}$ 时,其计算公式为

$$K_{i,i+1}=t_i+(m-1)(t_i-t_{i+1})+(Z_{i,i+1}-C_{i,i+1}) \tag{1-8}$$

式中 $Z_{i,i+1}$——工序 i 与 $i+1$ 的间歇时间;
$C_{i,i+1}$——工序 i 与 $i+1$ 的搭接时间。

确定流水步距还应该考虑下列基本要求:
(1)主要施工队组连续施工的要求;
(2)施工工艺的要求;
(3)最大限度搭接的要求;
(4)要保证工程质量,满足安全生产、成品保护的需要。

3. 流水施工工期

流水施工工期的一般计算公式为

$$T=\sum_{i=1}^{n}K_{i,i+1}+T_N \tag{1-9}$$

式中 $\sum_{i=1}^{n}K_{i,i+1}$——参与流水施工的各施工过程流水步距和;
T_N——最后一道施工过程施工时间总和;
n——参与流水施工的施工过程总数。

★1.2.7 流水施工基本组织方式★

1.2.7.1 有节奏流水组织方式

1. 等节奏流水(也称全等节拍流水)方式

(1)等节奏、等步距流水方式。此类流水组织方式的特点如下:
①各施工过程的流水节拍全部相等,且都等于流水步距,即 $t_i=t_{i,i+1}=K_{i,i+1}=t$;
②相邻各施工过程的间歇及搭接时间为 0,即 $Z_{i,i+1}=0$,$C_{i,i+1}=0$,其工期应为

$$T=\sum K_{i,i+1}+T_N=(n-1)K+mt=(n-1)t+mt=(m+n-1)t \tag{1-10}$$

【例 1-2】 某分部工程划分为 A、B、C、D 4 个施工过程,每个施工过程划分为 3 个施工段进行施工,各施工过程的流水节拍均为 4 d,试组织等节奏流水施工。

【解】 (1)确定流水步距:由等节奏流水的特征及题意可知 $t_i=t_{i,i+1}=K_{i,i+1}=4$ d。
(2)计算工期:$T=(m+n-1)t=(4+3-1)\times 4=24(d)$。
(3)绘制进度计划图,如图 1-10 所示。

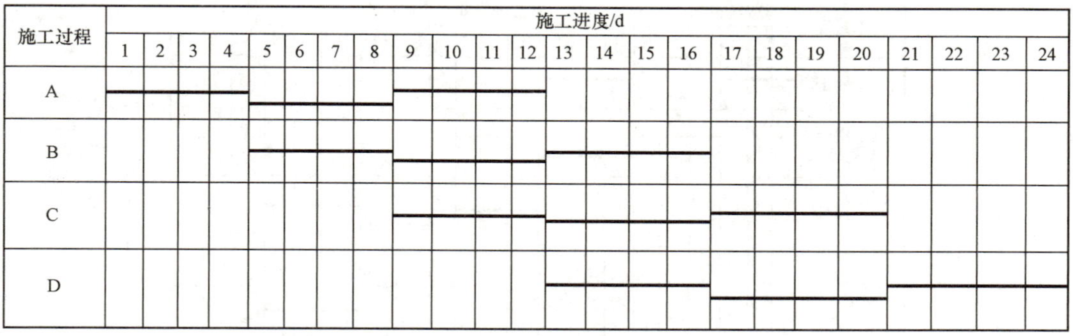

施工过程	施工进度/d																							
	1	2	3	4	5	6	7	8	9	10	11	12	13	14	15	16	17	18	19	20	21	22	23	24
A	━	━	━	━					━	━	━	━												
B					━	━	━	━					━	━	━	━								
C									━	━	━	━					━	━	━	━				
D													━	━	━	━					━	━	━	━

图 1-10　等节奏、等步距流水方式示意

(2)等节奏、不等步距流水方式。此类流水组织方式的特点如下：
①各施工过程的流水节拍全部相等，即 $t_i = t_{i,i+1} = t$；
②各相邻施工过程的流水步距并不相等，即 $K_{i,i+1} \neq t$；
③相邻各施工过程的间歇及搭接时间不为 0，即 $Z_{i,i+1} \neq 0$，$C_{i,i+1} \neq 0$。

施工段 m 的确定：各层施工段空闲时间为 $(m-n)t = (m-n)K$；各层的技术间歇时间为 $\sum Z_1$，层间的技术间歇时间为 Z_2，则 $(m-n)K = \sum Z_1 + Z_2$，由此得到：

$$m = n + \sum Z_1/K + Z_2/K \tag{1-11}$$

其工期应为：

a. 不分施工层时的工期计算。

$$K_{i,i+1} = t + Z_{i,i+1} - C_{i,i+1}$$

$$\sum K_{i,i+1} = (n-1)t + \sum Z_{i,i+1} - \sum C_{i,i+1}$$

$$T = \sum K_{i,i+1} + T_N = (n-1)t + mt + \sum Z_{i,i+1} - \sum C_{i,i+1}$$

$$T = (m+n-1)t + \sum Z_{i,i+1} - \sum C_{i,i+1} \tag{1-12}$$

【例 1-3】　某基础分部工程划分为 3 个施工段进行施工，每段分为挖土及垫层、钢筋混凝土基础、砖基础墙、回填土 4 个施工过程。其中每段钢筋混凝土基础施工完后需要预留 3 d 养护期才能进行砖基础墙的施工，其在每段上的流水节拍各过程均为 3 d，请计算工期并绘制流水施工横道图。

【解】　(1)由题意可以确定应按照等节奏、不等步距的方式组织流水施工，则各过程间的流水步距分别为：$K_{1,2} = 3$(d)；$K_{2,3} = 3+3 = 6$(d)；$K_{3,4} = 3$ d。

(2)计算工期：$T = (m+n-1)t + \sum Z_{i,i+1} - \sum C_{i,i+1} = (4+3-1) \times 3 + 3 - 0 = 21$ (d)。

(3)绘制进度计划图，如图 1-11 所示。

b. 分施工层时的工期计算。

$$T = (mr+n-1)t + \sum Z_{i,i+1} - \sum C_{i,i+1} \tag{1-13}$$

式中　r——施工层数目。

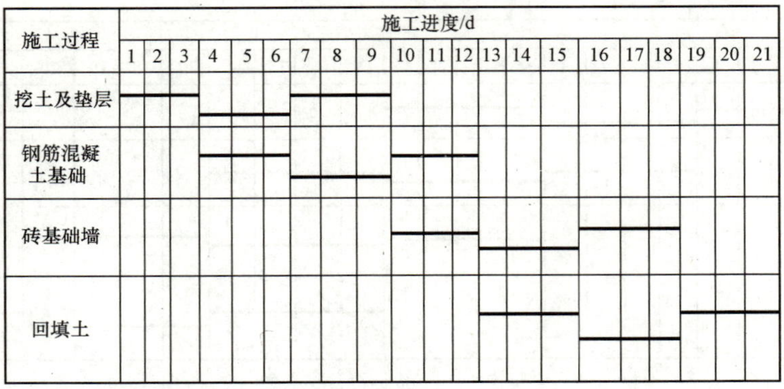
施工过程
施工进度/d
1 2 3 4 5 6 7 8 9 10 11 12 13 14 15 16 17 18 19 20 21
挖土及垫层
钢筋混凝土基础
砖基础墙
回填土

图 1-11　不分层的等节奏、不等步距流水示意

【例 1-4】 某工程由 A、B、C、D 4 个施工过程组成，将其划分为两个施工层组织施工，各施工过程的流水节拍均为 2 d，其中，施工过程 B 与 C 之间有 2 d 的技术间歇时间，层间技术间歇为 2 d。为保证施工连续作业，试确定施工段数目、流水工期，绘制流水施工进度图。

【解】 (1)确定施工段数目：由等节奏流水的特征及题意可知，若没有间歇时间的 $K=2$ d，施工段数目应为

$$m = n + \sum Z_1/K + Z_2/K = 4 + 2/2 + 2/2 = 6(\text{段})$$

(2)确定各层流水步距：

$$K_{A,B}=2\ \text{d}；K_{B,C}=2+2=4(\text{d})；K_{C,D}=2\ \text{d}$$

(3)计算流水工期：

$$T = (mr + n - 1)t + \sum Z_{i,i+1} - \sum C_{i,i+1} = (6\times2+4-1)\times2+2-0=32(\text{d})$$

(4)绘制流水施工图：可以根据具体情况分两种方式进行排列绘制——按水平排列施工层、按竖向排列施工层，如图 1-12 所示。

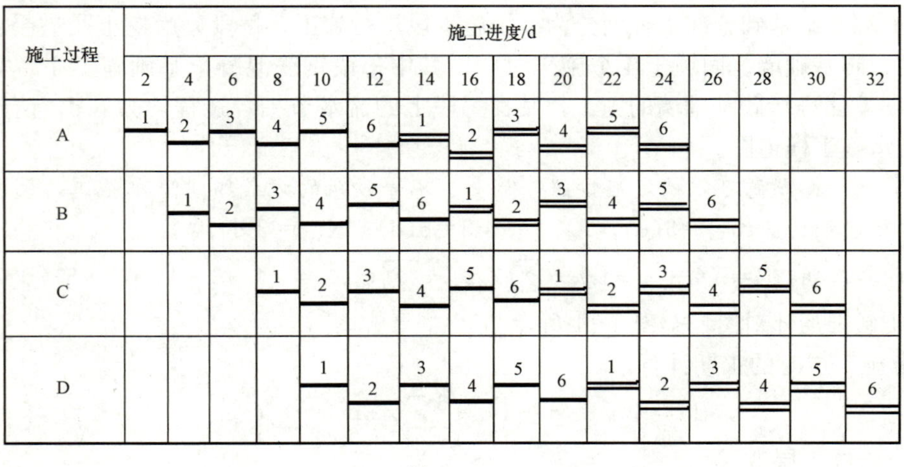
施工过程
施工进度/d
2 4 6 8 10 12 14 16 18 20 22 24 26 28 30 32
A
B
C
D

(a)

图 1-12　分层的等节奏、不等步距流水示意

(a)按水平排列施工层；(b)按竖向排列施工层

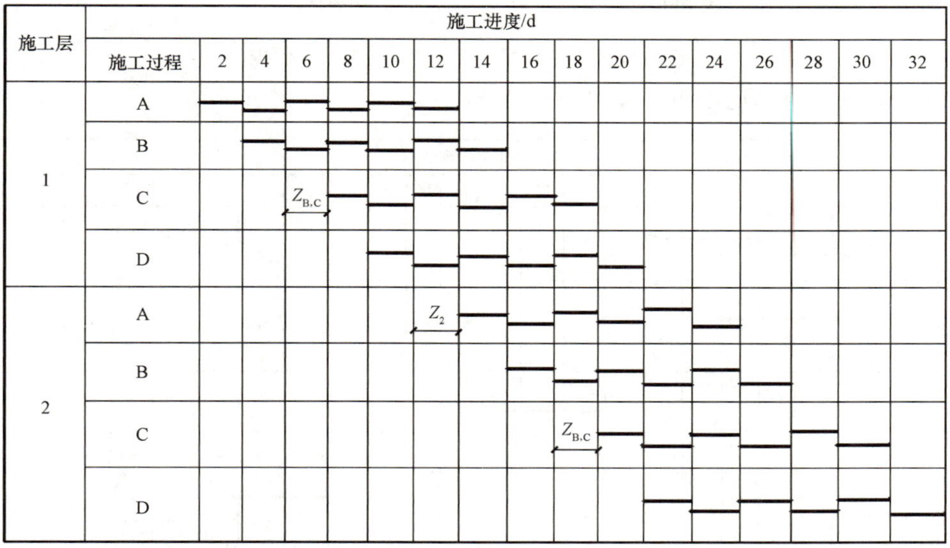

[图示:分层的等节奏、不等步距流水示意图,包含施工层1和施工层2,各含施工过程A、B、C、D]

(b)

图 1-12 分层的等节奏、不等步距流水示意(续)

2. 异节奏流水方式

(1)异节奏、异步距流水方式。此种组织方式比较多见,但条件是相同的施工过程流水节拍是相等的,不同的施工过程流水节拍是不相等的,在组织之前,许多前期的工作要做好:划分施工过程、计算相关量值(工程量、劳动量、劳动班组及人数、流水节拍等),但对于具体组织流水方式,主要有以下两个步骤:

① 确定流水步距:

a. 当 $t_i \leqslant t_{i+1}$ 时,$K_{i,i+1} = t_i + (Z_{i,i+1} - C_{i,i+1})$;

b. 当 $t_i > t_{i+1}$ 时,$K_{i,i+1} = t_i + (m-1)(t_i - t_{i+1}) + (Z_{i,i+1} - C_{i,i+1})$。

注意:在每步的流水步距计算中,实际要考虑相应的间歇时间与搭接时间,以便绘制进度表时更直观、方便,避免带来错误。

② 计算工期:

$$T = \sum_{i=1}^{n} K_{i,i+1} + T_N \tag{1-14}$$

在式(1-14)中,流水步距的累加已经考虑到相应的间歇时间与搭接时间,故不再包括,以免重复计算。

【例 1-5】 某工程划分为 A、B、C、D 4 个施工过程,将其分 3 个施工段组织施工,各施工过程流水节拍分别为 $t_A = 3$ d,$t_B = 4$ d,$t_C = 5$ d,$t_D = 3$ d;施工过程 B 完成后有 2 d 的技术间歇时间,施工过程 D 与 C 搭接 1 d。试求各施工过程之间的流水步距及该工程的工期,并绘制流水施工进度图。

【解】 根据上述条件,按照流水步距计算公式,分别求各流水步距。

$K_{A,B} = t_A = 3$ d

$K_{B,C} = t_B + Z_{B,C} = 4 + 2 = 6$(d)

$K_{C,D} = t_C + (m-1)(t_C - t_D) - Z_{C,D}$
$= 5 + (3-1) \times (5-3) - 1 = 8$(d)

根据上述结果，代入工期计算公式可得：
$$T = \sum K_{i,i+1} + T_N = (3+6+8) + 3 \times 3 = 26(d)$$
据此绘制流水施工进度图，如图1-13所示。

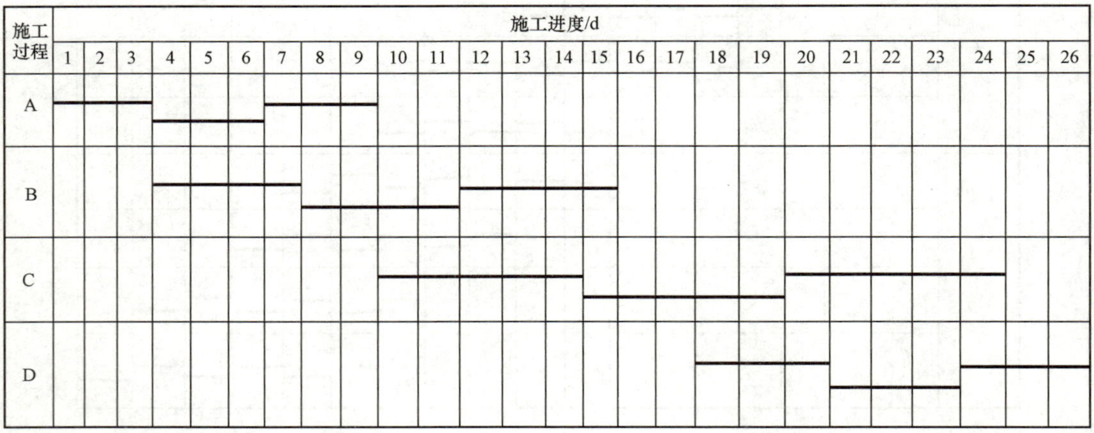

图1-13 异节奏、异步距流水示意

(2) 成倍节拍流水方式。此种组织方式较为规则，各流水节拍相互成倍数，如果不成倍数，可适当调整成相互成倍数的关系进行组织，在流水施工组织方式中，这种方式为工期相对较短的一种组织方式，但应组织多班组进行施工，其代价相对较大（投资加大、管理困难等）。具体步骤如下：

①划分施工过程。
②求各过程的工程量。
③确定最小流水节拍 $t_{\min}$（也可取公约数）。
④调整其他各过程的流水节拍，使 $t_i = m t_{\min}$（$m = 1, 2, \cdots$）。
⑤求各过程的施工班组数，计算公式为 $b_i = t_i / t_{\min}$；施工过程数为 $n = \sum b_i$。
⑥计算工期。计算公式为

$$T = (m+n-1)t_{\min} + \sum Z_{i,i+1} - \sum C_{i,i+1} \tag{1-15}$$

应注意的是，使流水步距 $K = t_{\min}$ 的目的是使施工持续时间最短，如果不取 $t_{\min}$ 而取适当的公约数，可以减少施工班组数，降低工程费用。

【例1-6】 已知某工程划分为6个施工段和3个施工过程（$N = 3$），各施工过程的流水节拍分别为：$t_1 = 1$ d, $t_2 = 3$ d, $t_3 = 2$ d。现为加快施工进度，请组织流水施工。

【解】 确定采用成倍节拍流水方式。
因为 $t_{\min} = 1$ d，则 $b_1 = 1/1 = 1$，$b_2 = 3/1 = 3$，$b_3 = 2/1 = 2$。
施工班组总数 $n = \sum b_i = 6$；该工程的流水步距 $K = t_{\min} = 1$ d。
该工程的工期 $T = (m+n-1)t_{\min} + \sum Z_{i,i+1} - \sum C_{i,i+1} = (6+6-1) \times 1 + 0 + 0 = 11(d)$。
绘制施工进度图，如图1-14所示。

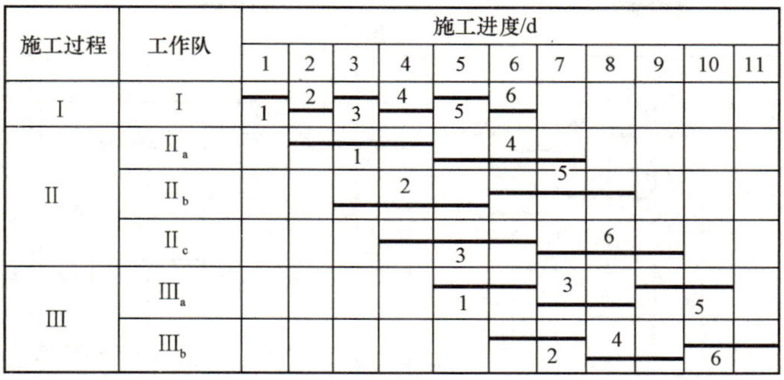

施工过程	工作队	施工进度/d										
		1	2	3	4	5	6	7	8	9	10	11
Ⅰ	Ⅰ	1	2	3	4	5	6					
Ⅱ	Ⅱ$_a$			1				4				
	Ⅱ$_b$				2				5			
	Ⅱ$_c$					3				6		
Ⅲ	Ⅲ$_a$						1	3			5	
	Ⅲ$_b$							2	4			6

图 1-14 成倍节拍流水示意

如果在竖向上划分施工层进行施工，应按下列公式计算工期：

$$T = (mr + n - 1)t_{\min} + \sum Z_{i,i+1} - \sum C_{i,i+1} \qquad (1\text{-}16)$$

式中 r——施工层数目。

应注意的是，其中施工段数目 m 应由公式 $m = n + \sum Z_1/K + Z_2/K$ 进行确定，这样才能符合公式的数量关系。

【例 1-7】 某两层现浇钢筋混凝土，施工过程包括支模板、绑扎钢筋、浇筑混凝土。其流水节拍为：$t_{模} = 2$ d，$t_{钢筋} = 2$ d，$t_{混凝土} = 1$ d。当安装模板工作队转移到第二层第一段施工时，需待第一层的混凝土养护 1 d 后才能进行。请组织成倍节拍流水施工，并绘制流水施工进度图。

【解】 (1) 确定流水步距：$K = 1$ d。
(2) 确定施工班组数及工艺参数：

$$b_{模} = t_{模}/K = 2/1 = 2; b_{钢筋} = t_{钢筋}/K = 2/1 = 2;$$

$$b_{混凝土} = t_{混凝土}/K = 1/1 = 1; n = \sum b_i = 2 + 2 + 1 = 5(个)$$

(3) 确定每层的施工段数目：

$$m = n + \sum Z_1/K + Z_2/K = 5 + 0/1 + 1/1 = 6(段)$$

(4) 计算工期：

$$T = (mr + n - 1)t + \sum Z_{i,i+1} - \sum C_{i,i+1} = (6 \times 2 + 5 - 1) \times 1 + 0 - 0 = 16(d)$$

(5) 绘制流水施工进度图：可以根据具体情况分两种方式进行排列绘制——楼层按水平排列、楼层按竖直排列，如图 1-15 所示。

若施工段为按照组织或技术等要求另外划分或规定的，则不遵循以上工期计算公式的数量关系，要通过其他方式另行计算工期。

【例 1-8】 某二层现浇混凝土楼盖工程，已知框架平面尺寸为 17.4 m×144 m，沿长度方向每 48 m 留设伸缩缝一道，各层伸缩缝间施工过程的流水节拍为：$t_{支模} = 4$ d，$t_{钢筋} = 2$ d，$t_{混凝土} = 2$ d。层间技术间歇（混凝土浇筑后在其上立模的技术要求）为 2 d，若采用成倍节拍流水组织方式，求工期并绘制流水施工进度图。

【解】 因每 48 m 留设一道伸缩缝，结合施工段的划分要求，伸缩缝的设置是均匀等间距的，以基本保证劳动量的均匀性，且与变形缝自然分割相结合，也保证了结构施工的整体性不被破坏，故分 3 个施工段（$m = 3$），按照成倍节拍流水组织方式进行详细计算：

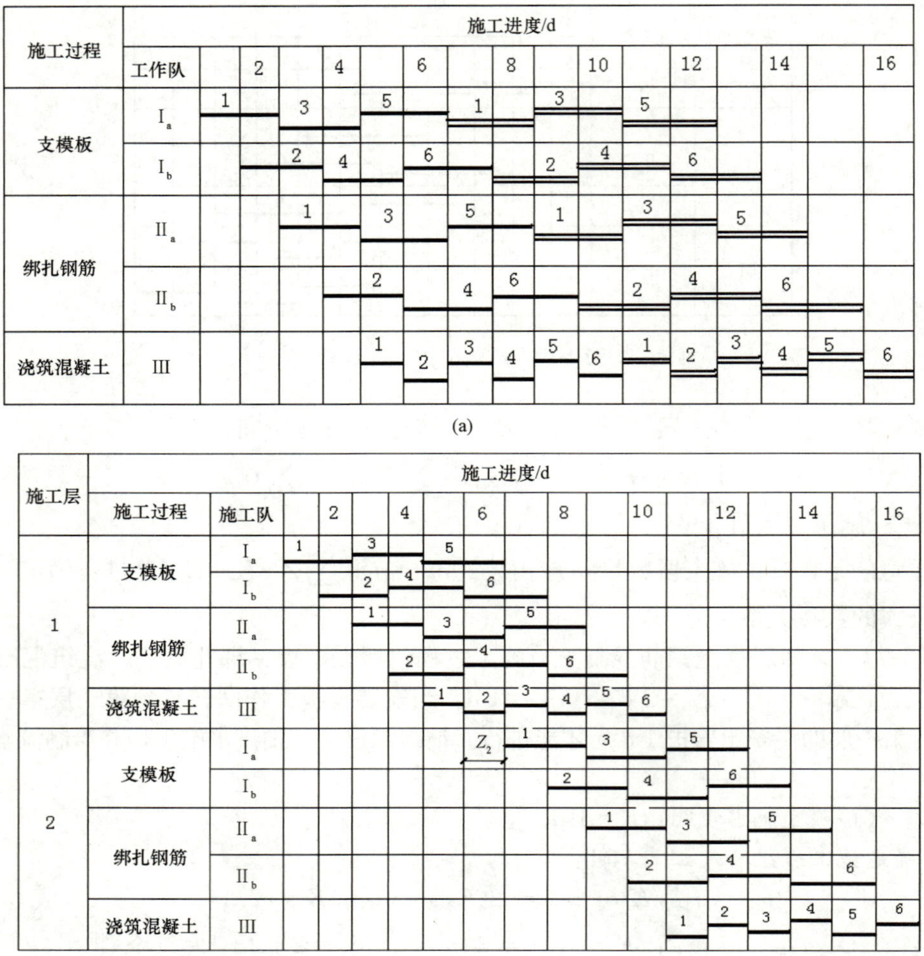

图 1-15 成倍节拍竖向分层流水示意
(a)楼层按水平排列；(b)楼层按竖直排列

$$K = t_{\min} = 2 \text{ d}, \ b_1 = 4/2 = 2, \ b_2 = 2/2 = 1, \ b_3 = 2/2 = 1$$

$$n = \sum b_i = 4$$

$$T = [(m+n-1) \times t_{\min}] \times 2 - C_{混凝土,支模}$$

其中,

$$C_{混凝土,支模} = (m-1)t_{混凝土} - Z_{混凝土,支模} = (3-1) \times 2 - 2 = 2 \text{(d)}$$

$$T = [(3+4-1) \times 2] \times 2 - 2 = 22 \text{(d)}$$

根据上述计算结果，流水施工进度图，如图 1-16 所示。

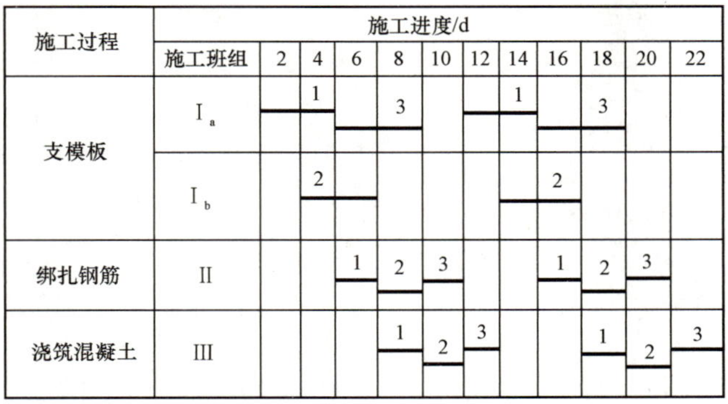

施工过程	施工班组	施工进度/d
		2 4 6 8 10 12 14 16 18 20 22
支模板	I_a	1　　3　　　1　　3
	I_b	2　　　　　2
绑扎钢筋	II	1 2 3　　1 3
浇筑混凝土	III	1 2 3　　1 2 3

图 1-16　成倍节拍水平分层流水示意

1.2.7.2　无节奏流水组织方式

1. 无节奏流水的特征

(1)每个施工过程在各个施工段上的流水节拍不尽相等。
(2)各个施工过程之间的流水步距不完全相等且差异较大。
(3)各施工作业班组能够在施工段上连续作业,但有的施工段之间可能有空闲时间。
(4)施工队组数(n_1)等于施工过程数(n)。

2. 无节奏流水的主要参数

(1)流水步距:确定流水步距时实际考虑的因素比较多,也比较复杂,为使问题简化,技术上多采用累加数列法,也称取大差法,注意每项流水步距适当考虑间歇时间或搭接时间。

(2)流水工期:

$$T = \sum_{i=1}^{n} K_{i,i+1} + \sum_{n=1}^{n} t_n \tag{1-17}$$

式中　t_n——最后施工过程在各施工段上的持续时间。

【例 1-9】　某工程有 A、B、C、D、E 5 个施工过程,将其在平面上分成 4 个施工段,每个施工过程在各施工段上的流水节拍见表 1-1。规定 B 完成后有 2 d 的技术间歇时间,D 完成后有 1 d 的组织间歇时间,A 与 B 之间有 1 d 的平行搭接时间,请绘制流水施工进度图。

表 1-1　某工程流水节拍各段数据

施工过程＼施工段	I	II	III	IV
A	3	2	2	4
B	1	3	5	3
C	2	1	3	5
D	4	2	3	3
E	3	4	2	1

【解】 (1)确定流水步距：

① $K_{A,B}$：

```
  3  5  7  11
-    1  4   9  12
─────────────────
  3  4  3   2 −12 (max=4)
```

·········· A 过程流水节拍累加排列
·········· B 过程流水节拍累加错位排列

$$K_{A,B}=4-1=3(d)$$

② $K_{B,C}$：

```
  1  4  9  12
-    2  3   6  11
─────────────────
  1  2  6   6 −11 (max=6)
```

$$K_{B,C}=6+2=8(d)$$

③ $K_{C,D}$：

```
  2  3  6  11
-    4  6   9  12
─────────────────
  2 −1  0   2 −12 (max=2)
```

$$K_{C,D}=2\ d$$

④ $K_{D,E}$：

```
  4  6  9  12
-    3  7   9  10
─────────────────
  4  3  2   3 −10 (max=4)
```

$$K_{D,E}=4+1=5(d)$$

(2)确定流水工期：

$$T=\sum_{i=1}^{n}K_{i,i+1}+\sum_{n=1}^{n}t_n=(3+8+2+5)+10=28(d)$$

据此绘出流水施工进度图，如图 1-17 所示。

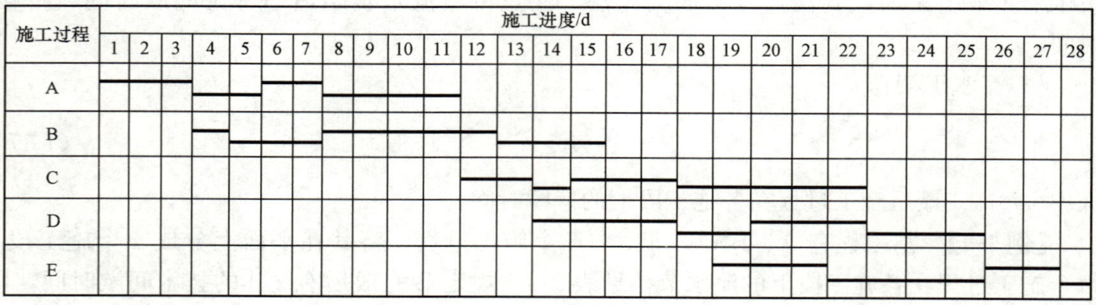

图 1-17 无节奏流水示意

★1.2.8 建筑群体流水（大流水方式）★

一般建筑群体的研究对象往往是多幢相同、近似的单项工程（如住宅小区的楼房群）或结构类型相近的建设项目，其组织方式的确定可以借鉴成倍节拍流水组织方式，但不完全相同，常以一幢房屋为一个施工段，具体步骤如下。

1. 确定一幢的初始方案

按照每幢的内在工艺要求及组织关系确定初始方案，可以是等节奏的、异节奏的或者是无节奏的。

2. 修改初始方案

选取 K,可为节拍最小值,也可为节拍的公因数,修改各节拍,使 $t_i = mK (m=1, 2, \cdots)$。

3. 确定每组流水包括的幢数

$$N_0 = (T-T_0)/K+1 \tag{1-18}$$

式中 T——总工期;
T_0——一幢的工期。

4. 确定流水组数

$$a = N/N_0 \tag{1-19}$$

式中 N——总幢数。

式(1-19)的余数为调剂工程。

5. 确定各过程的施工班组数

$$b_i = t_i/K \tag{1-20}$$

6. 绘制大流水施工进度图

应先绘制每组的流水进度图,再绘制建筑群体流水施工进度图。在绘制每组的流水施工进度图时,流水步距并不像成倍节拍那样全部相等,相同施工过程的不同幢之间保持选取的相等的流水步距 K,不同施工过程的相同幢之间流水步距取各幢修改的初始方案后的各流水步距;在绘制建筑群体流水施工进度图时,各流水步距均为相等的流水步距 K。下面举一个简单的小实例加以说明。

【例 1-10】 某 9 幢相同结构房屋的基础工程,一幢房屋施工初始方案如图 1-18 所示。要求 15 d 完成,请组织建筑群体流水施工。

【解】 原初始方案中,若取 $K=t_4=1$ d,则将使施工班组增加过多,考虑到挖土时间相对较长,回填土 1 d 时间将会过于集中,时间将会较紧张,为分散施工压力,且不增加过多施工人员,经综合考虑,在不延长每幢基础施工工期的条件下,增加 1 d 回填土施工时间,使 $t_4=2$ d,施工班组数目增加也不会过多,施工费用增加也控制在较小的程度上,经调整后的方案如图 1-19 所示。

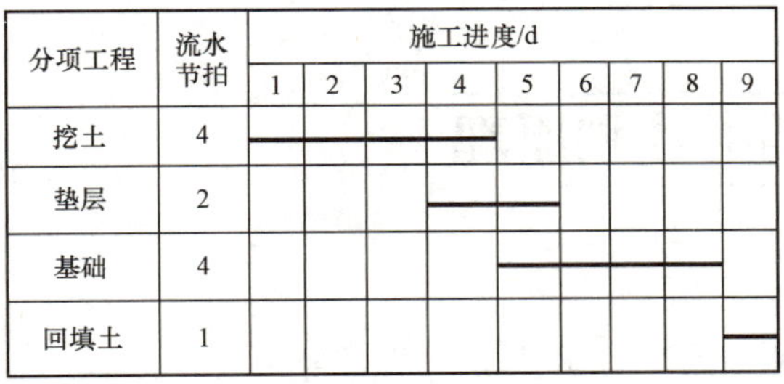

分项工程	流水节拍	施工进度/d 1 2 3 4 5 6 7 8 9
挖土	4	
垫层	2	
基础	4	
回填土	1	

图 1-18 某基础工程一幢房屋施工初始方案

分项工程	流水节拍	施工进度/d 1 2 3 4 5 6 7 8 9
挖土	4	
垫层	2	
基础	4	
回填土	2	

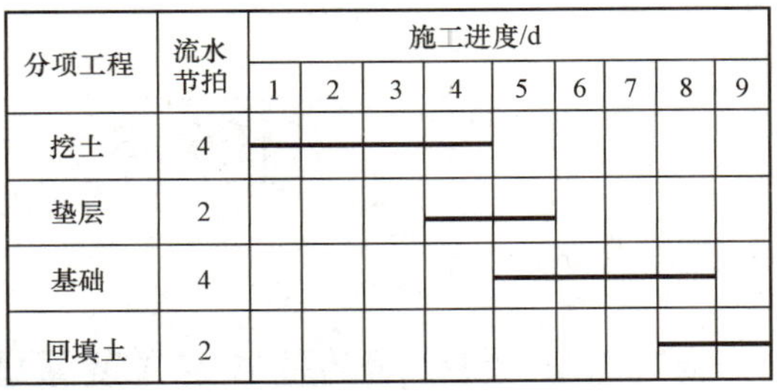

图 1-19 经调整后的方案

$$N_0 = (T-T_0)/K+1 = (15-9)/2+1 = 4(幢)$$

$a = N/N_0 = 9/4 \approx 2$(组),余一幢,作为调剂工程。

$b_1 = 4/2 = 2$;$b_2 = 2/2 = 1$;$b_3 = 4/2 = 2$;$b_4 = 2/2 = 1$。

按以上计算结果,绘制一组流水施工进度图,如图 1-20 所示。

绘制建筑群体流水施工进度图,如图 1-21 所示。

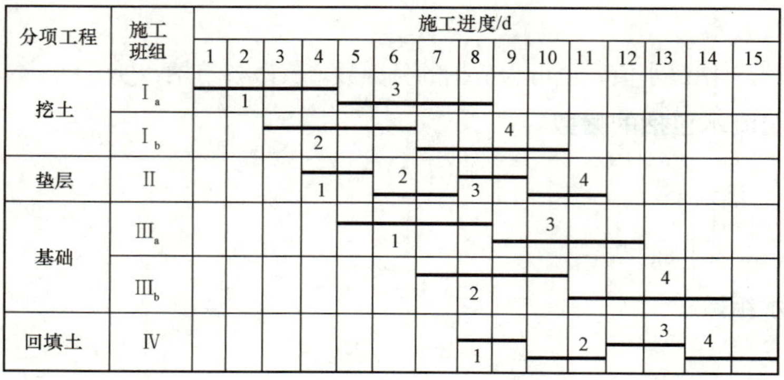

图 1-20 第一组流水施工进度图

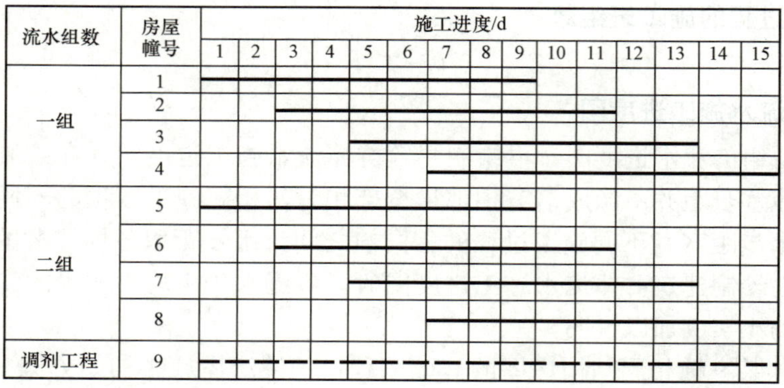

图 1-21 建筑群体流水施工进度图

建筑群体流水施工组织在实际工作中还是比较多的，具体确定及绘制流水施工进度图常常是比较麻烦的，以上只是一个比较简单的例子，只是提供一个参考，具体调整和绘制过程还要根据具体的条件、具体的工程要求来进行，可能有很多方案，应综合比较，选出最优及最经济合理的方案来进行。

任务 3　　网络计划原理

★1.3.1　网络图的基本定义及原理★

1.3.1.1　网络图的基本定义

网络图是指网络计划技术的图解模型，它反映整个工程任务的分解和合成。分解是指对工程任务的划分；合成是指解决各项工作的协作与配合。绘制网络图是网络计划技术的基础工作。

网络概念产生于 20 世纪 50 年代，于 20 世纪 60 年代起在中国开始使用，由著名的数学家华罗庚率先研究，其中具有代表性的方法有关键线路法（CMP）及计划协调技术（PERT），合称为统筹法。

我国对网络计划的研究曾一度停滞，到 20 世纪 70 年代末期重新发展，在 20 世纪 80 年代中期趋于成熟并得到广泛应用。近年来，网络计划已经成为施工组织设计中必不可少的组成部分。

随着计算机软件技术和施工行业信息化的发展，对工程进度控制的要求也越来越严格，未来的软件会更加注重工程进度与工程人、材、机之间的动态关系与平衡；在绘制网络进度图的过程中，更加强调成本与进度的管理、人员管理与进度的关系、材料与进度的管理、机械与进度的关系，并将以上关系纳入一个可以相互影响、相互反映的状态。

1.3.1.2 网络图的基本原理

(1) 把一项工程的全部建造过程分解成若干项工作，并按各项工作的开展顺序和相互制约关系绘制成网络图。

(2) 通过网络图各项时间参数的计算，找出关键工作和关键线路。

(3) 利用最优化原理，不断改进网络计划初始方案，并寻求最优方案。

(4) 在网络计划执行过程中，对其进行有效的监督和控制，以最少的资源消耗，获得最大的经济效益。

★1.3.2 网络计划技术的应用及优化★

1.3.2.1 网络计划技术的应用

网络计划技术的应用主要遵循以下几个步骤：

(1) 确定目标。确定目标是指决定将网络计划技术应用于哪一个工程项目，并提出对工程项目和有关技术经济指标的具体要求，如在工期方面、成本费用方面要达到什么要求。依据企业现有的管理基础，掌握各方面的信息和情况，利用网络计划技术为实现工程项目寻求最合适的方案。

(2) 分解项目，确定作业明细。一个工程项目是由许多作业组成的，在绘制网络图前要将工程项目分解成各项作业。作业项目划分的粗细程度视工程内容以及不同单位要求而定，通常情况下，作业所包含的内容多，范围大多可分粗些，反之应分细些。作业项目分得细，网络图的节点和箭线就多。对于上层领导机关，网络图可绘制得粗些，主要用于通观全局、分析矛盾、掌握关键、协调工作、进行决策；对于基层单位，网络图可绘制得细些，以便具体组织和指导工作。

在工程项目分解成施工过程的基础上，还要进行工序分析，以便明确先行工序（紧前工序）、平行工序和后续工序（紧后工序），即确定在该工序开始前，哪些工序必须前期完成，哪些工序可以同时平行地进行，哪些工序必须后期完成，或者在该工序进行的过程中，哪些工序可以与之平行交叉地进行。

(3) 绘制网络图，进行节点编号。根据作业时间明细表，可绘制网络图。网络图的绘制方法有顺推法和逆推法。

① 顺推法即从始点事件开始根据每项作业的直接紧后作业，顺序依次绘制出各项作业的箭线，直至终点事件为止。

② 逆推法即从终点事件开始，根据每项作业的紧前作业逆箭头前进方向逐一绘制出各项作业的箭线，直至指向始点事件为止。

同一项任务，用上述两种方法画出的网络图是相同的。一般习惯于按反工艺顺序安排计划的企业（如机器制造企业）采用逆推法较方便，而建筑安装等企业则大多采用顺推法。按照各项作业之间的关系绘制网络图后，要进行节点的编号。

（4）计算网络时间，确定关键线路。根据网络图和各项活动的作业时间，就可以计算出全部网络时间和时差，并确定关键线路。具体计算网络时间并不太难，但比较烦琐。在实际工作中影响计划的因素有很多，要耗费较多的人力和时间。因此，只有采用电子计算机才能对计划进行局部或全局调整，这也是为推广应用网络计划技术提出的新内容和新要求。

（5）进行网络计划方案的优化。找出关键线路，也就初步确定了完成整个计划任务所需要的总工期。这个总工期是否符合合同或计划规定的时间要求，是否与计划期的劳动力、物资供应、成本费用等计划指标相适应，需要进一步综合平衡，通过优化，择取最优方案。然后正式绘制网络图，编制各种进度表，以及工程预算等各种计划文件。

（6）贯彻执行网络计划。编制网络计划仅是计划工作的开始。计划工作不仅要正确编制计划，更重要的是组织计划的实施。网络计划的贯彻执行，要发动群众讨论计划，加强生产管理工作，采取切实有效的措施，保证计划任务的完成。在应用电子计算机的情况下，可以利用电子计算机对网络计划的执行进行监督、控制和调整，只要将网络计划及执行情况输入电子计算机，它就能自动运算、调整，并输出结果，以指导生产。

1.3.2.2　网络计划的优化类型

网络计划的优化根据资源限制条件的不同，可分为工期优化、工期-费用优化和工期-资源优化3种类型。

（1）工期优化：在人力、物力、财力等条件基本上有保证的前提下，寻求缩短工程周期的措施，使工程周期符合目标工期的要求。时间优化主要包括压缩活动时间、进行活动分解和利用时间差3个途径。

（2）工期-费用优化：是指找出一个缩短项目工期的方案，使项目完成所需总费用最低，并遵循关键线路上的活动优先、直接费用变化率小的活动优先、逐次压缩活动的作业时间以不超过赶工时间为限3个基本原则。

（3）工期-资源优化：分为两种情况，第一，在资源一定的条件下，寻求最短工期；第二，在工期一定的条件下，寻求工期与资源的最佳结合。

★1.3.3　网络图的基本类型★

网络图根据不同的指标可划分为各种不同的类型。不同类型的网络图在绘制、计算和优化等方面也不同，各有特点，下面分别介绍。

1.3.3.1　双代号网络图与单代号网络图

网络图根据绘图符号的不同，可分为双代号网络图与单代号网络图两种形式。

（1）双代号网络图。以两个序号表示一项工序，组成网络图的各项工作由节点表示开始或结束，以箭线表示工作的名称。把工作的名称写在箭线上，把工作的持续时间（小时、天、周等）写在箭线下，箭尾表示工作的开始，箭头表示工作的结束。采用这种符号所组成的网络图叫作双代号网络图，如图1-22所示。此网络图表示方法较灵活，故较常用。

（2）单代号网络图。组成网络图的各项工作由节点表示，以箭线表示各项工作的相互制约关系，用这种符号从左向右绘制而成的图形叫作单代号网络图。通常以一个序号表示一项工序，各工序内容及时间标在圆圈节点内。此网络图表示方法不灵活，故不太常用。单代号网络图的表示方法如图 1-23 所示。

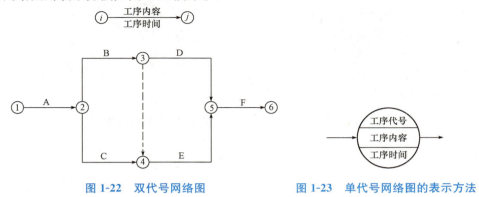

图 1-22　双代号网络图　　　　图 1-23　单代号网络图的表示方法

1.3.3.2　单目标网络图与多目标网络图

网络图根据最终目标的多少，可分为单目标网络图与多目标网络图两种形式。

(1)单目标网络图。单目标网络图是指只有一个最终目标的网络图，如完成一个基础工程或建造一个建(构)筑物的相互有关工作组成的网络图。

单目标网络图可以是有时间坐标的或无时间坐标的，也可以是肯定型的或非肯定型的，但在一个网络图上只能有一个起点节点和一个终点节点。

(2)多目标网络图。多目标网络图是指由若干个独立的最终目标与其相互有关工作组成的网络图，如工业区的建筑群以及负责许多建筑工程施工的建筑机构等。

在多目标网络图中，每个最终目标都有自己的关键线路。因此，在每个箭线上除注明工作的持续时间外，还要在括号里注明该项工作属于哪一个最终目标。

1.3.3.3　有时间坐标网络图与无时间坐标网络图

网络图根据有无时间坐标刻度，可分为有时间坐标网络图与无时间坐标网络图两种形式，前面出现的网络图都是无时间坐标网络图，图中箭线的长度是任意的。

有时间坐标网络图也称时标网络图，即附有时间刻度(工作天数、日历天数及公休日)的网络图。有时间坐标网络图的特点是每个箭线长度与完成该项工作的持续时间成比例进行绘制。箭线往往沿水平方向画出，每个箭线的长度就是规定的持续时间。当箭线位置倾斜时，它的工作持续时间按其在水平轴上的投影长度确定。有时间坐标网络图的优点是一目了然(时间明确、直观)，并易于发现工作是提前完成还是落后于进度；其缺点是随着时间的改变，需要重新绘制。

1.3.3.4　局部网络图、单位工程网络图、综合网络图

网络图根据应用对象(范围)的不同，可分为局部网络图、单位工程网络图及综合网络图 3 种形式。

★1.3.4　双代号网络图★

1.3.4.1　普通双代号网络图的组成

如图 1-24 所示，双代号网络图是由箭线(工作)、节点(事件)和线路 3 个基本要素组成

的，同时包含重要的逻辑关系的组合。

在图 1-24 中，以钢筋Ⅱ为例，它前面紧接着的已经完成的支模Ⅱ及钢筋Ⅰ为其紧前工序；在它后面紧接着的将要进行的钢筋Ⅲ及浇筑Ⅱ为其紧后工序；工序支模Ⅱ与钢筋Ⅰ为两个平行工序；某节点所有进入的箭线均称为此节点的内向箭线，所有出去的箭线均称为此节点的外向箭线。

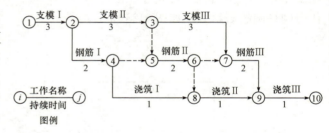

图 1-24 双代号网络图的组成

1. 箭线

(1) 种类。

①实箭线：表示某项工序的实际内容，又表示消耗的工作时间，是双代号网络图的重要表示要素之一；

②虚箭线：不表示实际内容，也不表示消耗的工作时间，是双代号网络图的重要辅助要素之一。

(2) 表示方法。一般网络图中，长、短无时间关系限制，可直、可斜、可折，但不可为曲，一幅图中要画法统一；时标网络图中，长、短有时间关系限制，应按规定时间标定比例绘制，可为曲线。

2. 节点

(1) 分类。

①起始节点：表示某些工序瞬时在此节点开始。

②中间节点：表示前道工序在此节点瞬时结束及后续工序在此节点的瞬时开始。

③结束节点：表示某些工序瞬时在此节点结束。

(2) 节点编号不得重复，顺箭线增大。

(3) 编号方法：常用的有水平编，垂直编及自中间向左、右两边编。

3. 线路

双代号网络图的线路是指自开始节点至结束节点所能通过的顺箭头的通路，一般有关键线路、非关键线路两种。

(1) 关键线路为所有线路中累加工序时间最长的线路，其累加时间和值即网络图的工期，通过计算网络图中的时间参数，求出工程工期并找出关键线路。在关键线路上的工序称为关键工序，这些工序完成的快慢直接影响着整个计划的工期。在计划执行过程中关键工序是管理的重点，在时间和费用方面要严格控制。

(2) 非关键线路为线路中累加工序时间小于关键线路累加时间的线路，其中又将仅次于关键线路时间的线路称为次关键线路，其他线路称为一般非关键线路。

关键线路和非关键线路的性质如下：

(1) 关键线路是工期最长的线路。

(2) 关键线路与非关键线路不是一成不变的，在优化调整网络图时，有可能使次关键线路转化为关键线路。

(3) 关键线路与非关键线路比例要适当，一般总线路中关键线路小于 20% 较宜，以避免施工过分紧张。

4. 逻辑关系

网络图的逻辑关系通常指工序之间的先后次序关系，网络图通常包含以下两种逻辑关系。

(1)工艺关系：工艺本身决定的关系，一般不可改变。

(2)组织关系：组织本身决定的关系，可根据组织的方便程度作适当改变。

某混合结构主体施工主要3项分项过程的逻辑关系如图1-25所示。

在组合后的网络图中，如圈梁2，既要表示出在砌墙2之后的工艺关系，又要表示出在圈梁1之后的组织关系，组合后的网络图如图1-26所示。

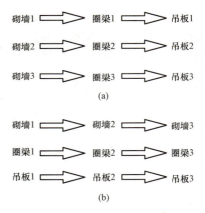

图 1-25　网络图的逻辑关系示意
(a)工艺关系；(b)组织关系

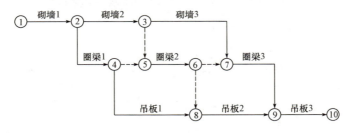

图 1-26　组合后的网络图

在一个完整的网络图中，可能有个别工序只有工艺关系或只有组织关系，但对于网络图整体来说，应该既包含工艺关系，又合理地表示出组织关系，是这两个逻辑关系的组合。

5. 虚工序及其应用

(1)联系作用(起正确表示逻辑关系的作用)。此作用在前述网络图的示意图中比较多见，大多数的竖向虚工序多为此项作用。

(2)区分作用(避免相同编号表示不同的内容)。虚工序用不同的编号表示，可避免用相同编号表示不同的内容。虚工序的区分作用如图1-27所示。

(3)断路作用(零杆切断作用)。经常在网络图中利用此项作用把实际工序中无关联或不存在的逻辑关系切断，以避免产生逻辑关系的错误。图1-28所示为逻辑关系错误的

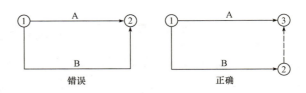

图 1-27　虚工序的区分作用

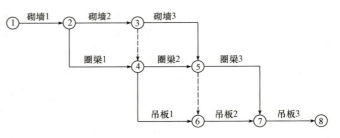

图 1-28　逻辑关系错误的网络图

网络图。

实际中,吊板1与砌墙2无逻辑关系,吊板2与砌墙3也无逻辑关系,故可以在圈梁1与圈梁3之间加两个横向的虚工序,把吊板1与吊板2提前连接,各自切断与砌墙2和砌墙3的关联,调整后的网络图如图1-29所示。

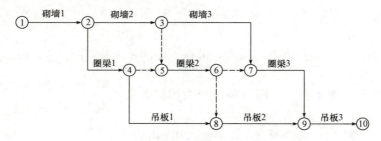

图 1-29　调整后的网络图

此项作用比较灵活,应熟练掌握,以便作图时不出现逻辑错误。

1.3.4.2　普通双代号网络图的绘制

1. 绘图基本规则

(1)明确表示逻辑关系(图1-30、表1-2)。

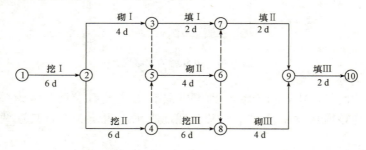

图 1-30　工作示意

表 1-2　双代号与单代号网络逻辑关系表达示例

工作间的逻辑关系	网络图上的表示方法		说明
	双代号	单代号	
A、B两项工作;依次进行施工	○─A─○─B─○	Ⓐ→Ⓑ	B工作依赖A工作,A工作约束B工作
A、B、C 3项工作;同时开始施工	○⇒A/B/C⇒○○○	开始→A/B/C	A、B、C 3项工作为平行施工方式
A、B、C 3项工作;同时结束施工	○○○⇒A/B/C⇒○	A/B/C→结束	A、B、C 3项工作为平行施工方式

续表

工作间的逻辑关系	网络图上的表示方法		说明
	双代号	单代号	
A、B、C 3项工作；只有A完成之后，B、C才能开始			A工作制约B、C工作的开始；B、C工作为平行施工方式
A、B、C 3项工作，C工作只能在A、B完成之后开始			C工作依赖A、B工作的结束；A、B工作为平行施工方式
A、B、C、D 4项工作；当A、B完成之后，C、D才能开始			双代号表示法是以中间事件 j 把4项工作间的逻辑关系表达出来
A、B、C、D 4项工作；A完成之后，C才能开始；A、B完成之后，D才能开始			A工作制约C、D工作的开始，B工作只制约D工作的开始；A、D工作之间引入了虚工作
A、B、C、D、E 5项工作；A、B完成之后，D才能开始；B、C完成之后，E才能开始			D工作依赖A、B工作的完成；E工作依赖B、C工作的结束；双代号表示法以虚工作表达A、C工作之间的上述逻辑关系
A、B、C、D、E 5项工作；A、B、C完成后，D才能开始；B、C完成之后，E才能开始			A、B、C工作制约D工作的开始；B、C工作制约E工作的开始；双代号表示法以虚工作表达上述逻辑关系
A、B 2项工作；按三个施工段进行流水施工			按工种建立两个专业工作队；分别在3个施工段上进行流水作业；双代号表示法以虚工作表达工种间的关系

(2)严禁出现闭合回路(图 1-31)。

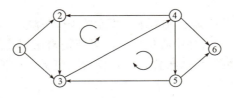

图 1-31　闭合回路的错误

(3)不得出现双向箭头及无箭头的箭线(图1-32)。

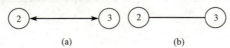

图1-32 双向箭头及无箭头的错误
(a)双向前头；(b)无箭头

(4)严禁出现无箭头节点及无箭尾节点的箭线(图1-33)。

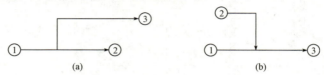

图1-33 无箭头节点及无箭尾节点的错误
(a)无箭头节点；(b)无箭尾节点

(5)箭线的画法要规则统一。
(6)保证一项工序对应唯一的节点编号(图1-34)。

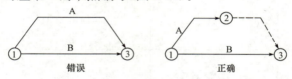

图1-34 工序节点编号的唯一性

(7)正确表示交叉(图1-35)。

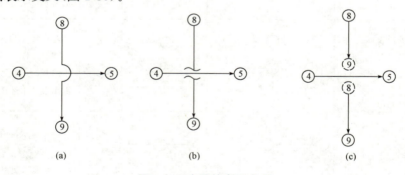

图1-35 交叉的表示方法
(a)暗桥法；(b)断线法；(c)指向法

(8)起始节点及结束节点是唯一的。

2. 绘图基本方法

(1)在保证网络逻辑关系正确的前提下，图面布局要合理，层次要清晰，重点要突出，尽量把关键工作和关键线路布置在中心位置，尽可能把密切相连的工作安排在一起。

(2)密切相关的工作尽可能相邻布置，以减少箭线交叉；如无法避免箭线交叉，可采用暗桥法、断线法、指向法表示。

(3)尽量采用水平箭线或折线箭线；关键工作及关键线路，可以使用粗箭线或双箭线表示。

(4)正确使用网络图断路方法,将没有逻辑关系的有关工作用虚工作加以隔断。绘制网络图时必须符合3个条件:第一,符合施工顺序;第二,符合流水施工的要求;第三,符合网络逻辑关系。一般来说,施工顺序和施工组织上必须衔接的工作,绘图时不易产生错误,但是不发生逻辑关系的工作就容易产生错误。不发生逻辑关系的工作应采用虚箭线加以处理。用虚箭线在线路上隔断无逻辑关系的各项工作,也就是前面介绍的断路作用(零杆切断作用)。网络图逻辑断路示意如图1-36所示。

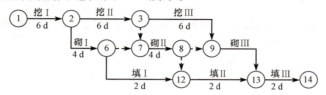

图 1-36　网络图逻辑断路示意

(5)为使图面清晰,要尽可能地减少不必要的虚工序。

(6)正确选取网络图排列。为了使网络计划更形象而清楚地反映出建筑工程施工的特点,绘图时可根据不同的工程情况、不同的施工组织方法和使用要求,灵活排列,以简化层次,使各工作在工艺上及组织上逻辑关系准确而清楚,以便于技术人员掌握,以及对计划进行计算和调整。建筑施工网络图的排列方法主要有按工种排列法、按施工段排列法、按施工层排列法、混合排列法4种。

①为了突出表示工种的连续作业,可以把同一工种工程排列在同一水平线上,这种排列方法称为按工种排列法,如图1-37所示。

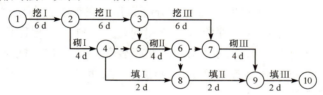

图 1-37　按工种排列法示意

②为了突出表示工作面的连续或者工作队的连续,可以把在同一施工段上的不同工种工作排列在同一水平线上,这种排列方法称为按施工段排列法,如图1-38所示。

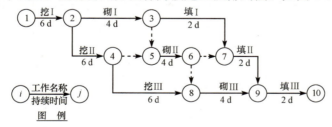

图 1-38　按施工段排列法示意

③在流水作业中,若干个不同工种工作沿着建筑物的楼层展开时,可以把同一楼层的各项工作在同一水平线上,这种排列方法称为按施工层排列法。按楼层排列实际上是按施工段排列法的一种特殊情况,常用于装饰工程,故单独又分出一种形式,如图1-39所示。

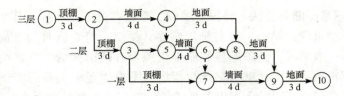

图 1-39 按施工层排列法示意

④有时在绘制网络图时，水平排列及竖向排列是比较灵活的，采取混合排列的形式，即混合排列法，如图 1-40 所示。

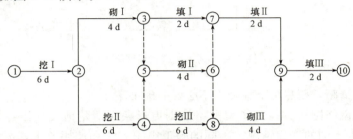

图 1-40 混合排列法示意

另外，还有按单位工程排列的网络图、按栋号排列的网络图、按施工部位排列的网络图。其原理同前面的几种排列法一样，即将一个单位工程中的各分部工程、一个栋号内的各单位工程或一个部位的各项工作排列在同一水平线上，不再一一赘述。

(7)当网络图的工作数目很多时，可将其分解为几块来绘制；各块之间的分界点要设在箭线和事件最少的部位，分界点事件的编号要相同，并且画成双层圆圈，即前一块的最后一个节点编号与后一块的开始节点编号相同。对于较复杂的工程，把整个施工过程分为几个分部工程，把整个网络图分为若干个小块来编制，以便于使用。单位工程施工网络图的分界点通常设在分部工程分界处。

【例 1-11】 绘制符合表 1-3 所示条件的双代号网络图。

表 1-3 某网络图的逻辑关系

代号	紧前工序	代号	紧前工序
A	无	I	C
B	A	J	I、H
C	A	K	G、F
D	无	L	K、J
E	B、C	M	L
F	B、D	N	L
G	D	P	M、N
H	E、F		

【解】 绘制步骤如下：
(1)先画无紧前工序的 A、D(图 1-41)。

图 1-41　步骤(1)

(2)在 A 后画出紧前为 A 的各工序；在 D 后画出紧前为 D 的各工序，观察 F 的紧前工序为 B，则引入各虚工序(图 1-42)。

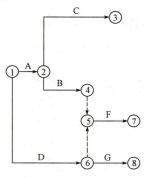

图 1-42　步骤(2)

(3)在 B 后画出紧前工序为 B 的各工序；在 C 后画出紧前工序为 C 的各工序，观察 E 的紧前工序为 B、C，则引入零杆切断(图 1-43)。

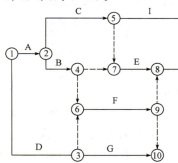

图 1-43　步骤(3)

(4)在 E 后画出紧前工序为 E 的各工序，而 H 的紧前工序为 E、F，则引入虚工序；画出紧前工序为 G 的 K，而 K 的紧前工序为 G、F，则又引入虚工序(图 1-44)。

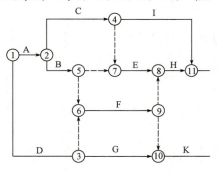

图 1-44　步骤(4)

(5) 在 I、H 后画 J；在 K、J 后画 L(图 1-45)。

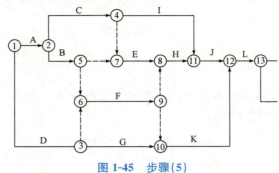

图 1-45　步骤(5)

(6) 在 L 后画 N、M；在 M、N 后画 P；经反复调整，再经统一编号，得出正式网络图，如图 1-46 所示。

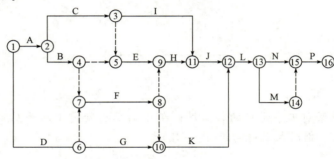

图 1-46　经调整后的网络图

1.3.4.3　双代号网络图的时间参数的计算

下面主要介绍时间参数的计算。

在实现整个工程任务的过程中，人、事、物等的运动状态都是通过转化为时间函数来反映的。反映人、事、物的运动状态的时间参数包括各项工作的作业时间、开工与完工的时间、工作之间的衔接时间、完成任务的机动时间及工程范围和总工期等。

常见的双代号网络图的时间参数有最早可能开始时间(ES)、最早可能结束时间(EF)、最迟必须开始时间(LS)、最迟必须结束时间(LF)、工序时差(也称总时差，TF)、自由时差(FF) 6 个。

常用的计算方法有分析计算法、图上计算法、表上计算法、计算机计算法等。下面主要介绍前 3 种方法。

1. 分析计算法

【例 1-12】 图 1-47 所示为某双代号网络图，采用分析计算法计算时间参数。

图 1-47　某双代号网络图

【解】 (1)计算最早可能开始时间(ES)。

从起始节点开始算，规定起始工序 ES=0，其他以后各工序如图 1-48 所示。

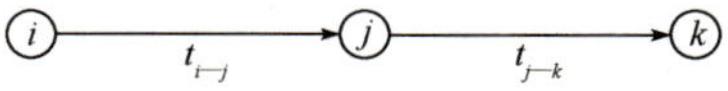

图 1-48 计算 ES

$$\mathrm{ES}_{j-k}=[\mathrm{ES}_{i-j}+t_{i-j}]_{\max} \tag{1-21}$$

1—2 工序：$\mathrm{ES}_{1-2}=0$；
2—3 工序：$\mathrm{ES}_{2-3}=0+2=2$，同理 $\mathrm{ES}_{2-4}=\mathrm{ES}_{2-6}=2$；
3—5 工序：$\mathrm{ES}_{3-5}=\mathrm{ES}_{2-3}+3=2+3=5$；
4—7 工序：$\mathrm{ES}_{4-7}=\mathrm{ES}_{2-4}+5=2+5=7$；
6—8 工序：$\mathrm{ES}_{6-8}=\mathrm{ES}_{2-6}+4=2+4=6$；
5—9 工序：$\mathrm{ES}_{5-9}=[\mathrm{ES}_{3-5}+6, \mathrm{ES}_{2-4}+5]_{\max}=[5+6, 2+5]_{\max}=11$；
7—9 工序：$\mathrm{ES}_{7-9}=\mathrm{ES}_{4-7}+2=7+2=9$；
8—9 工序：$\mathrm{ES}_{8-9}=[\mathrm{ES}_{4-7}+2, \mathrm{ES}_{6-8}+1]_{\max}=[7+2, 6+1]_{\max}=9$；
9—10 工序：$\mathrm{ES}_{9-10}=[\mathrm{ES}_{5-9}+4, \mathrm{ES}_{7-9}+4, \mathrm{ES}_{8-9}+5]_{\max}$
$=[11+4, 9+4, 9+5]_{\max}=15$；
10 节点：$\mathrm{ES}_{10}=\mathrm{ES}_{9-10}+3=15+3=18$。

因此，工期 $T=18(\mathrm{d})$。

(2)计算最早可能结束时间(EF)。

$$\mathrm{EF}_{i-j}=\mathrm{ES}_{i-j}+t_{i-j} \tag{1-22}$$

1—2 工序：$\mathrm{EF}_{1-2}=\mathrm{ES}_{1-2}+t_{1-2}=0+2=2$；
2—3 工序：$\mathrm{EF}_{2-3}=\mathrm{ES}_{2-3}+t_{2-3}=2+3=5$；
2—4 工序：$\mathrm{EF}_{2-4}=\mathrm{ES}_{2-4}+t_{2-4}=2+5=7$；
2—6 工序：$\mathrm{EF}_{2-6}=\mathrm{ES}_{2-6}+t_{2-6}=2+4=6$；
3—5 工序：$\mathrm{EF}_{3-5}=\mathrm{ES}_{3-5}+t_{3-5}=5+6=11$；
4—7 工序：$\mathrm{EF}_{4-7}=\mathrm{ES}_{4-7}+t_{4-7}=7+2=9$；
6—8 工序：$\mathrm{EF}_{6-8}=\mathrm{ES}_{6-8}+t_{6-8}=6+1=7$；
5—9 工序：$\mathrm{EF}_{5-9}=\mathrm{ES}_{5-9}+t_{5-9}=11+4=15$；
7—9 工序：$\mathrm{EF}_{7-9}=\mathrm{ES}_{7-9}+t_{7-9}=9+4=13$；
8—9 工序：$\mathrm{EF}_{8-9}=\mathrm{ES}_{8-9}+t_{8-9}=9+5=14$；
9—10 工序：$\mathrm{EF}_{9-10}=\mathrm{ES}_{9-10}+t_{9-10}=15+3=18$。

观察上述结果，可以得到：

$$\mathrm{ES}_{j-k}=[\mathrm{ES}_{j-i}+t_{i-j}]_{\max}=[\mathrm{EF}_{i-j}]_{\max} \tag{1-23}$$

(3)计算最迟必须开始时间(LS)。

计算最迟必须开始时间应逆算，如图 1-49 所示。

$$\mathrm{LS}_{i-j}=T-[\sum t_{j-k}]_{\max}-t_{i-j}=[\mathrm{LS}_{j-k}]_{\min}-t_{i-j} \tag{1-24}$$

9—10 工序：$\mathrm{LS}_{9-10}=18-3=15$；
5—9 工序：$\mathrm{LS}_{5-9}=15-4=11$；
7—9 工序：$\mathrm{LS}_{7-9}=15-4=11$；

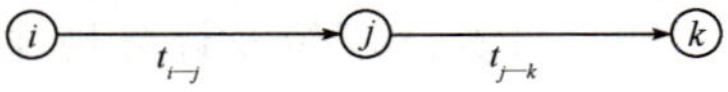

图 1-49 计算 LS

8—9 工序：$LS_{8-9} = 15 - 5 = 10$；

4—7 工序：$LS_{4-7} = [LS_{7-9}, LS_{8-9}]_{\min} - 2 = [11, 10]_{\min} - 2 = 8$；

6—8 工序：$LS_{6-8} = 10 - 1 = 9$；

3—5 工序：$LS_{3-5} = 11 - 6 = 5$；

2—4 工序：$LS_{2-4} = [LS_{4-7}, LS_{5-9}]_{\min} - 5 = [8, 11]_{\min} - 5 = 3$；

2—3 工序：$LS_{2-3} = 5 - 3 = 2$；

2—6 工序：$LS_{2-6} = 9 - 4 = 5$；

1—2 工序：$LS_{1-2} = [LS_{2-3}, LS_{2-4}, LS_{2-6}]_{\min} - 2 = [2, 3, 5]_{\min} - 2 = 0$。

(4) 计算最迟必须结束时间（LF）。

$$LF_{i-j} = LS_{i-j} + t_{i-j} \tag{1-25}$$

9—10 工序：$LF_{9-10} = LS_{9-10} + t_{9-10} = 15 + 3 = 18$；

5—9 工序：$LF_{5-9} = LS_{5-9} + t_{5-9} = 11 + 4 = 15$；

7—9 工序：$LF_{7-9} = LS_{7-9} + t_{7-9} = 11 + 4 = 15$；

8—9 工序：$LF_{8-9} = LS_{8-9} + t_{8-9} = 10 + 5 = 15$；

4—7 工序：$LF_{4-7} = LS_{4-7} + t_{4-7} = 8 + 2 = 10$；

6—8 工序：$LF_{6-8} = LS_{6-8} + t_{6-8} = 9 + 1 = 10$；

3—5 工序：$LF_{3-5} = LS_{3-5} + t_{3-5} = 5 + 6 = 11$；

2—4 工序：$LF_{2-4} = LS_{2-4} + t_{2-4} = 3 + 5 = 8$；

2—3 工序：$LF_{2-3} = LS_{2-3} + t_{2-3} = 2 + 3 = 5$；

2—6 工序：$LF_{2-6} = LS_{2-6} + t_{2-6} = 5 + 4 = 9$；

1—2 工序：$LF_{1-2} = LS_{1-2} + t_{1-2} = 0 + 2 = 2$。

(5) 计算工序时差（TF）。

$$TF_{i-j} = LS_{i-j} - ES_{i-j} = LF_{i-j} - EF_{i-j} \tag{1-26}$$

工序时差示意如图1-50所示。

例如：

$TF_{4-7} = LS_{4-7} - ES_{4-7} = 8 - 7 = 1$；

$TF_{2-3} = LS_{2-3} - ES_{2-3} = 2 - 2 = 0$。

其余计算结果从略。

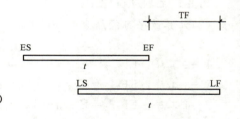

图1-50 工序时差示意

(6) 计算自由时差（FF），如图1-51所示。

$$FF_{i-j} = [ES_{j-k}]_{\min} - EF_{i-j} \tag{1-27}$$

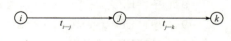

图1-51 计算FF

自由时差示意如图1-52所示。

例如：

$FF_{2-4} = [ES_{4-7}, ES_{5-9}]_{\min} - 7$
$= [7, 11]_{\min} - 7 = 0$；

$FF_{6-8} = ES_{8-9} - EF_{6-8} = 9 - 7 = 2$。

其余计算结果从略。

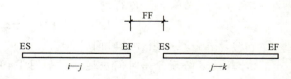

图1-52 自由时差示意

2. 图上计算法

图上计算法定位及计算规律示意如图1-53所示。

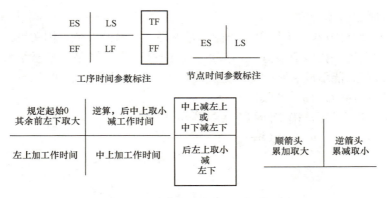

图 1-53 图上计算法定位及计算规律示意

【例 1-13】 以图 1-54 为例,采用图上计算法计算时间参数。

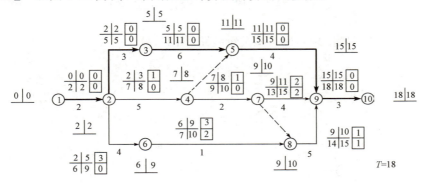

图 1-54 图上计算法(1)

【例 1-14】 以图 1-55 为例,采用图上计算法计算时间参数(节点时间参数计算从略)。

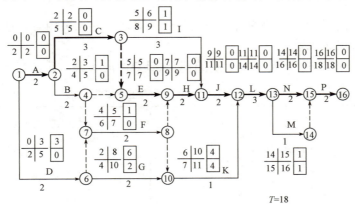

图 1-55 图上计算法(2)

通过以上分析可以看出,所计算的工序中有一类工序具有两个相等的开始时间及两个相等的结束时间相等、两个均为零的工序时差,这样的工序即关键工序,由关键工序连成的线路为关键线路,并在图中用粗线标出。

关键线路的确定方法有以下几种:

(1)分析线路进行确定。

(2)破圈法。此种方法较为简单、快捷,且不必计算时间参数,因关键线路为最长的线路,故自开始节点逐次找多箭线进入的节点,逢圈保留最长线路,直至结束节点,最终从开始节点到结束节点能形成通路的即关键线路,工作时间的累加值即工期。

(3)通过计算时间参数进行确定。

【例1-15】 利用破圈法确定网络图关键线路(图1-56)。

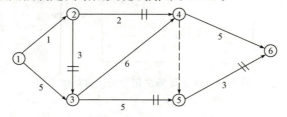

图1-56 利用破圈法确定网络图关键线路(1)

【例1-16】 利用破圈法确定网络图关键线路(图1-57)。

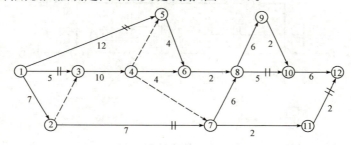

图1-57 利用破圈法确定网络图关键线路(2)

3. 表上计算法

一些报审计划或设计说明书中经常以表格形式表示一些相关内容,这样根据前面的计算原理可总结出表上计算法。

【例1-17】 以图1-47为例,采用表上计算法计算时间参数,见表1-4。

表1-4 双代号网络图表上计算法

工序	时间	ES	EF	LS	LF	TF	FF	备注
1—2	2	0	2	0	2	0	0	▲
2—3	3	2	5	2	5	0	0	▲
2—4	5	2	7	3	8	1	0	
2—6	4	2	6	5	9	3	0	
3—5	6	5	11	5	11	0	0	▲
4—7	2	7	9	8	10	1	0	
5—9	4	11	15	11	15	0	0	▲
6—8	1	6	7	9	10	3	2	
7—9	4	9	13	11	15	2	2	
8—9	5	9	14	10	15	1	1	
9—10	3	15	18	15	18	0	0	▲
10		18						

注:表中▲为关键工序。

★1.3.5 单代号网络图★

1.3.5.1 普通单代号网络图的组成

普通单代号网络图是由工作和线路两个基本要素组成的。

1. 工作

在单代号网络图中,工作由节点及其关联箭线组成。通常将节点画成一个大圆圈或方框,在其内标注编号、工作名称和时间。关联箭线表示该工作开始前和结束后的环境关系,如图1-58所示。

图1-58 单代号工作示意

2. 线路

在单代号网络图中,线路的定义、种类和性质与双代号网络图基本类似,此处不再详述。

1.3.5.2 普通单代号网络图的绘制

1. 绘图基本规则

(1)必须正确地表达各项工作之间相互制约和相互依赖的关系。

(2)在单代号网络图中,只允许有1个原始节点;当首先开始的工作有两个以上时,要设置一个虚拟的原始节点,并在其内标注"开始"二字。

(3)在单代号、单目标网络图中,只允许有1个结束节点;当最后结束的工作有两个以上时,要设置一个虚拟的结束节点,并在其内标注"结束"二字。

(4)在单代号网络图中,既不允许出现闭合回路,也不允许出现重复编号的工作。

(5)在单代号网络图中,既不允许出现双向箭线,也不允许出现没有箭头的箭线。

2. 绘图基本方法

(1)在保证网络逻辑关系正确的前提下,图面布局要合理,层次要清晰,重点要突出。

(2)密切相关的工作尽可能相邻布置,以便减少箭线交叉;在无法避免箭线交叉时,可采用暗桥法表示。

(3)单代号网络图的分解方法和排列方法与双代号网络图相应部分类似,此处从略。

1.3.5.3 普通单代号网络图的时间参数

1. 工作持续时间

(1)单一时间可由下式确定:

$$D_i = \frac{Q_i}{S_i R_i N_i} \tag{1-28}$$

式中 D_i——工作 i 的持续时间;

Q_i——工作 i 的工程量;

S_i——工作 i 的计划产量定额;

R_i——工作 i 的工人数或机械台数;

N_i——工作 i 的计划工作班次。

(2)概率期望持续时间可由下式确定:

$$D_i^e = \frac{a_i + 4m_i + b_i}{6} \tag{1-29}$$

式中　D_i^e——工作 i 的概率期望持续时间；

　　　a_i——完成工作 i 最乐观的持续时间；

　　　m_i——完成工作 i 最可能的持续时间；

　　　b_i——完成工作 i 最悲观的持续时间。

2. 工作时间参数

（1）工作最早可能开始时间及最早可能结束时间可由下式计算。它是从原始节点开始，假定 $ES_1=0$，按照节点编号递增顺序直到结束节点为止。当遇到两个以上前导工作时，要取它们各自计算结果的最大值。

$$ES_j = [ES_i + D_i]_{max} = [EF_i]_{max} \tag{1-30}$$

$$EF_j = ES_j + D_j \tag{1-31}$$

式中　ES_j——工作 j 的最早可能开始时间；

　　　EF_j——工作 j 的最早可能结束时间；

　　　D_j——工作 j 的持续时间；

　　　ES_i——前导工作 i 的最早可能开始时间；

　　　EF_i——前导工作 i 的最早可能结束时间；

　　　D_i——工作 i 的持续时间。

（2）工作最迟必须开始时间及最迟必须结束时间可由下式计算。它是从结束节点开始，假定 $LF_n = EF_n$，按照节点编号递减顺序直到原始节点为止。当遇到两个以上后续工作时，要取它们各自计算结果的最小值。

$$LF_i = [LS_j]_{min} \tag{1-32}$$

$$LS_i = LF_i - D_i \tag{1-33}$$

式中　LF_i——工作 i 的最迟必须结束时间；

　　　LS_i——工作 i 的最迟必须开始时间；

　　　D_i——工作 i 的持续时间；

　　　LS_j——后续工作 j 的最迟必须开始时间。

（3）工序时差及自由时差可由下式计算：

$$TF_i = LF_i - EF_i = LS_i - ES_i \tag{1-34}$$

$$FF_i = [ES_j]_{min} - EF_i \tag{1-35}$$

3. 判断关键工作和关键线路

工序时差 $TF_i = 0$ 的工作为关键工作，由关键工作组成的线路就是关键线路，关键线路所确定的工期就是该网络图的计算总工期。

【例 1-18】 某工程由 A、B、C 3 个分项工程组成；它在平面上划分为 Ⅰ、Ⅱ、Ⅲ 3 个施工段；各分项工程在各个施工段上的持续时间如图 1-59 所示。试以分析计算法和图上计算法，分别计算该网络图的各项时间参数。

【解】 1. 分析计算法

（1）计算 ES_j 和 EF_j。

假定 $ES_1 = 0$，按照公式依次进行计算。

$ES_1 = 0$；

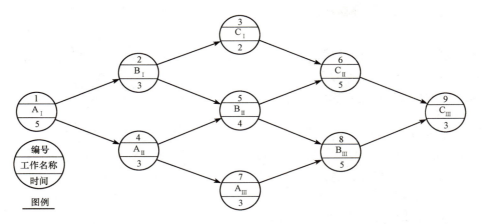

图 1-59 某工程单代号网络图

$EF_1 = ES_1 + D_1 = 0 + 5 = 5$；
$ES_2 = EF_1 = 5$；
$EF_2 = ES_2 + D_2 = 5 + 3 = 8$；
$ES_3 = EF_2 = 8$；
$EF_3 = ES_3 + D_3 = 8 + 2 = 10$；
$ES_4 = EF_1 = 5$；
$EF_4 = ES_4 + D_4 = 5 + 3 = 8$；
$ES_5 = [EF_2, EF_4]_{max} = [8, 8]_{max} = 8$；
$EF_5 = ES_5 + D_5 = 8 + 4 = 12$；
$\vdots$
$ES_9 = [EF_6, EF_8]_{max} = [17, 17]_{max} = 17$；
$EF_9 = ES_9 + D_9 = 17 + 3 = 20$。

以上计算结果如图 1-60 所示。

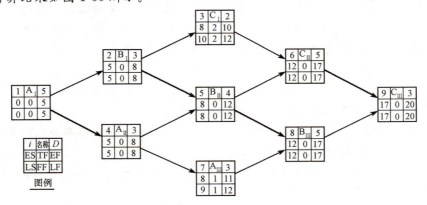

图 1-60 某工程单代号网络图的时间参数

(2) 计算 LF_i 和 LS_i。

假定 $LF_9 = EF_9 = 20$，按照公式依次进行计算。

$LF_9 = 20$；

$LS_9 = LF_9 - D_9 = 20 - 3 = 17$；
$LF_8 = LS_9 = 17$；
$LS_8 = LF_8 - D_8 = 17 - 5 = 12$；
$LF_7 = LS_8 = 12$；
$LS_7 = LF_7 - D_7 = 12 - 3 = 9$；
$LF_6 = LS_9 = 17$；
$LS_6 = LF_6 - D_6 = 17 - 5 = 12$；
$LF_5 = [LS_6, LS_8]_{min} = [12, 12]_{min} = 12$；
$LS_5 = LF_5 - D_5 = 12 - 4 = 8$；
$\vdots$
$LF_1 = [LS_2, LS_4]_{min} = [5, 5]_{min} = 5$；
$LS_1 = LF_1 - D_1 = 5 - 5 = 0$。

以上计算结果如图 1-60 所示。

(3) 计算 TF_i 和 FF_i。

根据公式进行计算。

$TF_1 = LF_1 - EF_1 = 5 - 5 = 0$；
$FF_1 = [LS_2, LS_4]_{min} - EF_1 = [5, 5]_{min} - 5 = 5 - 5 = 0$；
$TF_2 = LS_2 - ES_2 = 5 - 5 = 0$；
$FF_2 = [ES_3, LS_5]_{min} - EF_2 = [8, 8]_{min} - 8 = 8 - 8 = 0$；
$TF_3 = LF_3 - EF_3 = 12 - 10 = 2$；
$FF_3 = ES_6 - EF_3 = 12 - 10 = 2$；
$\vdots$
$TF_9 = LS_9 - ES_9 = 17 - 17 = 0$；
$FF_9 = [ES_{10}]_{min} - EF_9 = 20 - 20 = 0$。

以上计算结果如图 1-60 所示。

(4) 判断关键工作和关键线路。工序时差等于零的工作为关键工作，本例中关键工作有 $A_Ⅰ$、$A_Ⅱ$、$B_Ⅰ$、$B_Ⅱ$、$B_Ⅲ$、$C_Ⅱ$ 和 $C_Ⅲ$ 7 项；由关键工作组成的线路就是关键线路，本例中关键线路为 4 条；该网络图的计算总工期为 20 d，如图 1-60 所示。

2. 图上计算法

(1) 计算 ES_j 和 EF_j。由原始节点开始，假定 $ES_1 = 0$；根据公式按工作编号递增顺序进行计算，并将计算结果填入相应栏内，如图 1-60 所示。

(2) 计算 LF_i 和 LS_i。由结束节点开始，假定 $LF_9 = EF_9 = 20$；根据公式按工作编号递减顺序进行计算，并将计算结果填入相应栏内，如图 1-60 所示。

(3) 计算 TF_i 和 FF_i。本例由原始节点开始，按照公式逐项工作进行计算，并将计算结果填入相应栏内，如图 1-60 所示。

(4) 判断关键工作和关键线路。本例中关键工作为 7 项，关键线路为 4 条，如图 1-60 所示，该网络图的计算总工期为 20 d。

★ 1.3.6　时标网络图及其应用 ★

1.3.6.1　时标网络图的画法

时标网络图，顾名思义就是带有时间长短限制的网络图，不同于一般网络图，其箭线的长短受时间长短限制，所以画法是有一定规定的。一般应用于实践的有两种画法，即按工序最早可能开始时间和最迟必须开始时间来绘制，而前一种方法在实践中应用较广，故常采用，具体画法可以归纳为以下简单口诀：

　　　　　　箭线长短坐标限，曲直斜平利相连；
　　　　　　箭线到齐画节点，画完节点补波线。

【例 1-19】　把某一般网络图(图 1-61)改绘成时标网络图。

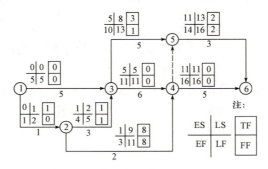

图 1-61　某一般网络图

【解】　(1)按最早可能开始时间绘制的时标网络图如图 1-62 所示。

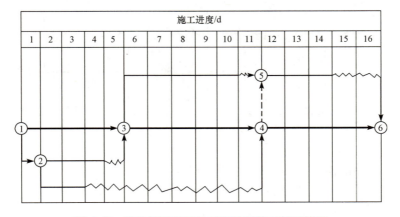

图 1-62　按最早可能开始时间绘制的时标网络图

(2)按最迟必须开始时间绘制的时标网络图如图 1-63 所示。

从例 1-19 可以看出，只要是实工序，箭线长短都应受坐标长短的限制，而具体箭线的画法不像画一般网络图那样严格，只要利于连接，曲、直、斜、平都可以，但也要使图尽量美观，切勿太乱。对于有多个紧前工序的节点，应该在所有箭线的时间长度全部画完到齐后，画在时间长度的终端，最后连接不起来的部位应用波线补齐。

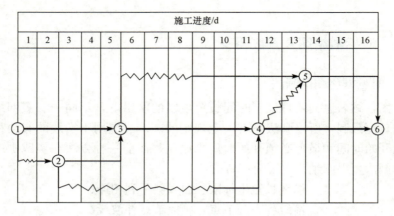

图 1-63 按最迟必须开始时间绘制的时标网络图

1.3.6.2 时标网络图时差的分析

时标网络图应用广泛的原因之一是它能在图上直接了解有关的时差,尤其是工序时差(TF),它是进行网络优化调整的一个很重要的参数。

(1)按 ES 绘制的时标网络图时差的分析。使用此种画法时,图中所有波线所表示的都为工序的自由时差,而工序时差则可以根据相邻工序间波线的长短及相互间的关系简单、快捷地分析出来。为了方便说明问题,下面选用一个已经绘制好的时标网络图(图 1-64)加以说明。

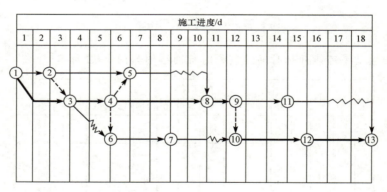

图 1-64 时标网络图时差分析示意

为了说明方便,把各工序的工序时差计算结果先列出:
$TF_{1-2}=1$;$TF_{2-3}=1$;$TF_{2-5}=2$;
$TF_{4-5}=3$;$TF_{5-8}=2$;$TF_{3-6}=2.5$;
$TF_{4-6}=1.5$;$TF_{6-7}=1.5$;$TF_{7-10}=1.5$;
$TF_{9-11}=2$;$TF_{11-13}=2$。

工序的自由时差在图上已经明确显示,因此不再标出。

对于单线线路的时差:在图中无分支的线路,如⑨—⑪—⑬和⑥—⑦—⑩这两条线路,其自由时差必位于最后一个箭线上,各工序的工序时差正好与最后箭线的波线长度相等,即等于最后箭线的自由时差值,如:$TF_{9-11}=TF_{11-13}=2$;$TF_{6-7}=TF_{7-10}=1.5$。

对于有分支的线路:分支较复杂,应该按不同的情况分别判断。

①节点为最后一个分支节点,即紧后工序为单工序时。

情况一,分支节点以前工序若无自由时差,即无波线时,各工序时差为紧后工序箭线的总时差,如:

$TF_{2-5}=TF_{5-8}=2$;

$TF_{4-6}=TF_{6-7}=1.5$。

情况二,节点以前工序有自由时差,即有波线时,各工序时差为紧后工序箭线的总时差与本箭线自由时差即波线长度之和,如:

$TF_{4-5}=TF_{5-8}+FF_{4-5}=2+1=3$;

$TF_{3-6}=TF_{6-7}+FF_{3-6}=1.5+1=2.5$。

②对于有多个紧后工序的分支节点,其紧前工序的总时差为相应几个紧后箭线各个总时差中最小的一个,如:

$TF_{1-2}=[TF_{2-5}=2,TF_{2-3}=1]_{min}=1$。

若所计算的工序有波线,则再加上本工序的波线长度。综合以上,可以总结出以下公式:

$$TF=[紧后工序\ TF]_{min}+本工序的波线长度 \qquad (1-36)$$

通过以上方法,可以方便地从时标网络图中快速地分析出各个工序时差的大小,应用比较方便。

(2)按 LS 绘制的时标网络图时差的分析。此种图中的波线长度并不代表工序的自由时差,应比较按最早时间和按最迟时间所画出的两种网络图中的相同工序,其波线长度较大值为该工序的总时差值。如图 1-62、图 1-63 中 2—4 工序时差:

$TF_{2-4}=(8,7)_{max}=8$; $TF_{3-5}=(1,3)_{max}=3$。

从以上的例子中不难看出,按 LS 绘制的时标网络图时差的分析不如按 ES 绘制的时标网络图时差的分析直观、方便,故在实际中,前一种画法采用得比较多。

1.3.6.3 时标网络图在实践中的应用

时标网络图在具体施工中应用较广泛,尤其在工期一定时,对劳动力均衡性的调整与控制尤其重要,现对此情况作一说明。

对于劳动力均衡性,直观上常以劳动力动态分布图来显示;对于定量分析,一般施工中常控制劳动力动态系数,用公式表示为

$$K=日最大工人人数/施工期平均工人人数$$

K 为 1~1.5 时较为合理,局部最大一般不超过 2.0,若不合适,可以根据相关工序时差作适当的调整。

【例 1-20】 某钢筋混凝土工程网络图如图 1-65 所示。

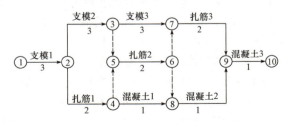

图 1-65 某钢筋混凝土工程网络图

其中每天各班组出勤人数为：木工20人、钢筋工10人、混凝土工20人。按此网络计划工期要求，试调整其劳动力动态系数 $K \leq 1.5$。

【解】 首先可以计算出各工序时间参数，如图1-66所示。

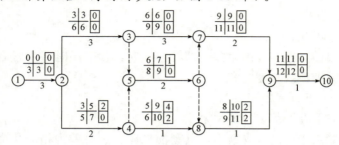

图1-66 工序时间参数的计算

按ES绘制时标网络图，并绘制劳动力动态分布图（图1-67）。

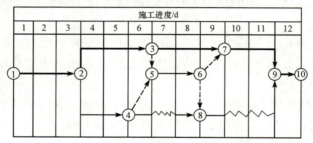

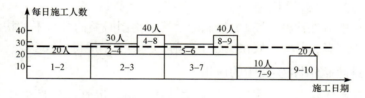

图1-67 原时标网络图及劳动力动态分布图

其施工最大人数为每天40人。

平均人数为：$(20 \times 4 + 30 \times 4 + 40 \times 2 + 10 \times 2)/12 = 25$（人/d）。

劳动力动态系数 $K = 40/25 = 1.6 > 1.5$，需要调整。

以下利用时差进行调整：

施工最大人数40人是工序4—8及8—9所致，而工序7—9相对人数较少，若能把较多人数的两工序往右平移，是否可以消减施工最大人数呢？这可以用4—8工序时差4 d、8—9工序时差2 d来平移，把施工最大人数消减到7—9工序的低谷中去，如图1-68所示。

此时平均人数为：$(20 \times 6 + 30 \times 6)/12 = 25$（人/d）。

劳动力动态系数 $K = 30/25 = 1.2 < 1.5$，较为合理。

这时可以看出扎筋工序不连续，则可以继续进行调整，可以利用2—4工序的时差2 d及5—6工序的时差1 d进一步调整，可以得出图1-69所示方案。

此时平均人数为：$(20 \times 6 + 30 \times 6)/12 = 25$（人/d）；$K = 30/25 = 1.2 < 1.5$。

各工序均连续施工，保证了流水施工的均衡性及连续性的特点，故合理。根据最后的结果，可以把时标网络图直接改为流水施工的水平横道图，并绘出最终的劳动力动态分布图，这样对进度计划的编制有直接的指导作用，方便施工，如图1-70所示。

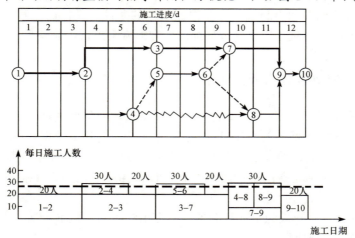

图 1-68　第一次调整后的时标网络图及劳动力动态分布图

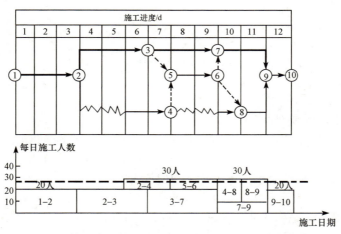

图 1-69　第二次调整后的时标网络图及劳动力动态分布图

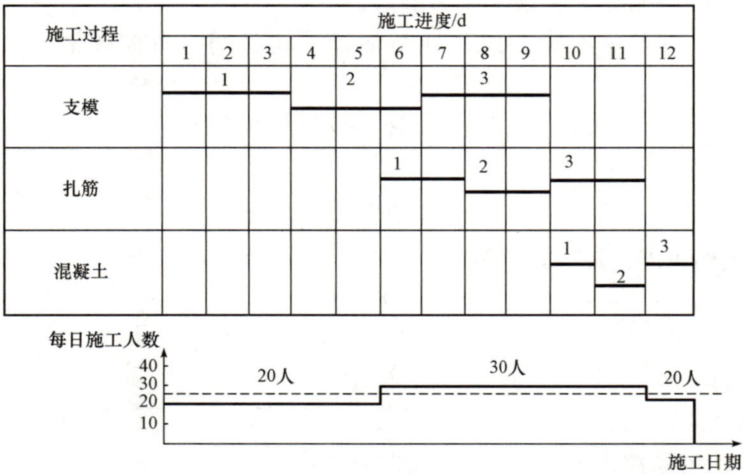

图 1-70　将最终结果改为流水横道图

综上所述，时标网络图是网络计划中一个比较重要的概念，它对施工中网络优化调整有很重要的作用，绘制工作常常比较麻烦。以上都是比较简单的优化调整的例子，只是提供方法的参考，具体调整和绘制过程还要根据具体的条件、具体的工程要求来进行。在实际工作中应综合比较，尽量选出最优及最经济合理的方案进行优化调整。

★1.3.7 计划协调技术简介★

计划协调技术（PERT），又称计划评审技术，是数学家华罗庚在 20 世纪 60 年代初期率先研究并提出的，与关键线路法（CPM）法并称为统筹法。其主要解决非肯定型网络计划，把非肯定型网络计划转化为肯定型网络计划，研究 3 种完成工作的可能性时间。

a 为最短时间：必须花费的最少时间，在工作极为顺利的条件下得出的时间，也称最乐观时间。

b 为最长时间：在工作极为不顺利的条件下得出的时间，但不包括火灾、动力不足或突然事故等，也称最悲观时间。

c 为最可能时间：必须花费的最有可能的时间，经常性、容易达到的时间。

其表示方法如图 1-71 所示。

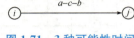

图 1-71 3 种可能性时间

其主要计算步骤如下：

(1) 计算工序平均需要时间 t_e。

采用加权平均值的方法：a、c 之间，认为 c 可能性大于 a 的 2 倍时，$t_1=(a+2c)/3$。同样，b、c 之间，认为 c 可能性大于 b 的 2 倍时，$t_2=(b+2c)/3$。

再取两者的算术平均值得到工序平均需要时间 t_e：

$$t_e=(t_1+t_2)/2=(a+4c+b)/6$$

(2) 找关键线路，求关键线路完成的总工期平均值 M。

$$M=[\sum t_e]_{\max}$$

可以采用各种方法确定，一般采用破圈法。

(3) 计算方差。方差为实际完成日期与估计平均日期定量偏差情况，采取下式进行计算：

$$\sigma^2=[(b-a)/6]^2 \tag{1-37}$$

然后计算出标准离差：

$$\sigma=(\sum \sigma_{\max}^2)^{1/2} \tag{1-38}$$

(4) 工作完成的可能性按下式计算：

$$\lambda=(Q-M)/\sigma \tag{1-39}$$

式中　Q——给定工期；
　　　σ——标准离差；
　　　M——总工期平均值。

按以上计算出的系数查表 1-5，求可能性 $P(\lambda)$。

表 1-5 可能性表

λ	P(λ)	λ	P(λ)	λ	P(λ)	λ	P(λ)	λ	P(λ)	λ	P(λ)
−0.0	0.50	0.0	0.50	−0.9	0.18	0.9	0.82	−1.8	0.04	1.8	0.96
−0.1	0.46	0.1	0.54	−1.0	0.16	1.0	0.84	−1.9	0.03	1.9	0.97
−0.2	0.42	0.2	0.58	−1.1	0.14	1.1	0.86	−2.0	0.02	2.0	0.98
−0.3	0.38	0.3	0.62	−1.2	0.12	1.2	0.88	−2.1	0.02	2.1	0.98
−0.4	0.34	0.4	0.66	−1.3	0.10	1.3	0.90	−2.2	0.01	2.2	0.99
−0.5	0.31	0.5	0.69	−1.4	0.08	1.4	0.92	−2.3	0.01	2.3	0.99
−0.6	0.27	0.6	0.73	−1.5	0.07	1.5	0.93	−2.4	0.01	2.4	0.99
−0.7	0.24	0.7	0.76	−1.6	0.05	1.6	0.95	−2.5	0.01	2.5	0.99
−0.8	0.21	0.8	0.79	−1.7	0.04	1.7	0.96				

【例 1-21】 计算如图 1-72 所示的网络图在给定工期 Q 的完成可能性。
给定工期分别为 19 d、20.8 d、22.6 d、20 d、17.2 d、15.4 d。

【解】 (1)计算工序平均需要时间 t_e：

$t_{e1-2} = (2+4\times 2+8)/6 = 3$；

$t_{e1-3} = (2+4\times 2+2)/6 = 2$；

$t_{e1-4} = (3+4\times 4+8)/6 = 4.5$；

$t_{e2-5} = (3+4\times 4+11)/6 = 5$。

将所有结果标于图 1-73 上。

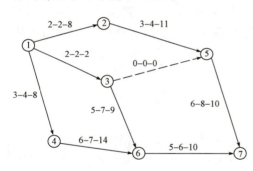

图 1-72 某非肯定型网络图

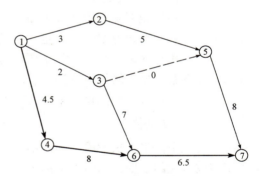

图 1-73 工序平均需要时间

(2)确定关键线路：利用破圈法得到关键线路为 ①—④—⑥—⑦。

(3)求总工期平均值 M 和方差 σ^2：

$$M = 4.5 + 8 + 6.5 = 19(d)$$

计算方差用 $\sigma^2 = [(b-a)/6]^2$，结果见表 1-6。

表 1-6 方差计算表

工序	①—④	④—⑥	⑥—⑦	总和
总工期平均值	4.5	8	6.5	19
方差	25/36	64/36	25/36	114/36

由表 1-6 可以得到标准离差 $= (114/36)^{1/2} = 1.8$。

(4)计算给定工期 Q 的完成可能性：

① $Q = 19$ d：

$\lambda = (19-19)/1.8 = 0$，查表 1-5，得 $P(\lambda) = 50\%$。

②$Q=20.8$ d：

$\lambda=(20.8-19)/1.8=1$，查表得 $P(\lambda)=84\%$。

③$Q=22.6$ d：

$\lambda=(22.6-19)/1.8=2$，查表得 $P(\lambda)=98\%$。

④$Q=20$ d：

$\lambda=(20-19)/1.8=0.56$，查表得 $P(\lambda)=70\%$。

⑤$Q=17.2$ d：

$\lambda=(17.2-19)/1.8=-1$，查表得 $P(\lambda)=16\%$。

⑥$Q=15.4$ d：

$\lambda=(15.4-19)/1.8=-2$，查表得 $P(\lambda)=2\%$。

由此可见，当 $Q=22.6$ d 时，最有可能完成，结合实际工期情况，最佳工期可以定为 22.5 d 或 23 d，以下再进行的工作就可以以此最佳工期为目标，对此网络图进行详细的工期优化。

★1.3.8 网络计划的优化★

根据前面所介绍的网络计划的编制方法，所得到的网络计划在实际施工中可能由于各种原因不能完全符合要求（如工期要求、费用要求及资源要求等），有时与要求相差太大，故需要适当地进行网络计划的优化。所谓优化，是指根据关键线路法，通过时差的调整，不断改善网络计划的初始方案，在满足一定的约束条件下，寻求管理目标达到最优化的计划方案。网络优化是网络计划技术的主要内容之一，也是它较其他计划方法优越的主要方面，即以最优方案、最小的物资消耗，取得最大的经济效果。

常见的优化方式有工期优化、工期-费用优化和工期-资源优化 3 种。

1.3.8.1 工期优化

在工期优化中，限定只考虑时间，不考虑各种资源，认为工期与资源是相配的，也就是不管调整成多大的工期，都假设资源的供应及分布是已知且满足要求的。至于资源是否合理，可设定工期一定，再调整资源供应及分布情况，以满足工期对资源的相关要求（工期-资源优化）。一般理论工期与计划工期相差的情况有 3 种，即大于、小于、等于。当理论工期与计划工期相等时自然不必调整。

1. 计划工期 T_b > 理论工期 T_c

当计划工期 T_b 与理论工期 T_c 相差较小时，不需要调整；当计划工期 T_b 与理论工期 T_c 相差较大时，则需要调整。

这种情况是将理论工期增大以满足计划工期的要求，关键是把网络计划关键线路的时间相应增大，不会影响非关键线路的转化，较为简单。

【例 1-22】 调整图 1-74 所示的网络图，要求 28 d 完成。

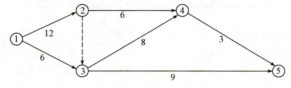

图 1-74 原始网络图

【解】 (1)通过破圈法可以找出关键线路1—2—3—4—5,理论工期$T=28$ d。
(2)调整关键线路:

工序3—4、4—5时间相对较少,可以增加,3—4加2 d,4—5加3 d,此时不影响其他线路,工期为28 d,关键线路未发生变化,调整后的网络图如图1-75所示。

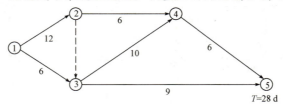

图 1-75　调整后的网络图

通过上述例子可以看出其基本方法为:把时间的差值加在某些关键工序上,使工序时间适当加长,相应减少工序的资源消耗,经反复调整,满足工期要求。应注意以下几点:
(1)尽量避免某一项工序时间的单独增加,尽量均匀分散地增加工序时间。
(2)有特殊要求工序时间的增加会产生特殊限制性要求。
(3)非关键线路会发生变化。

2. 计划工期T_b＜理论工期T_c

当计划工期T_b＜理论工期T_c时,需相应减少关键工序时间,但要注意非关键工序的变化。常见的方法有顺序法、加数平均法、选择法等。这里重点介绍利用优选系数进行优化的选择法。
(1)优化的考虑因素。
①缩短持续时间对质量和安全影响不大的工序。
②有充足备用资源的工序。
③缩短持续时间所增加费用最小的工序。

满足上述3项要求的系数为优选系数,优选系数可能是某些期望值的打分标准或者某期望要求的技术参数的标准数等,这要另外专门解决,不去深入研究,视其为已知条件,故优化时主要是取优选系数最小或组合优选系数最小的工序或方案进行压缩。
(2)基本步骤。
①计算理论工期T_c及确定关键线路与关键工序。
②计算应缩短的工期$\Delta T=T_c-T_b$。
③确定各关键工序能缩短的持续时间。
④压缩相关各关键工序的持续时间:不得将关键工序压缩成非关键工序;当出现多条关键线路时,应将平行的各关键线路持续时间压缩相同的数值。
⑤反复重复上述步骤,直到结果满足工期要求为止。

应注意的是,当反复调整不能达到要求时,说明网络图原始方案有问题,应修改网络原始图方案。

【例 1-23】 某混合结构主体施工的双代号网络图如图1-76所示,图中箭线上方括号外为工序名称,括号内为优选系数;图中箭线下方括号外为工序正常持续时间,括号内为最短持续时间。现要求工期为30 d,请对工期进行优化。

【解】 (1)利用破圈法计算理论工期T_c及确定关键线路与关键工序(图1-77),其中关键线路用粗线标出，理论工期 $T_c = 46$ d。

(2)计算应缩短的时间：

$$\Delta T = T_c - T_b = 46 - 30 = 16(d)$$

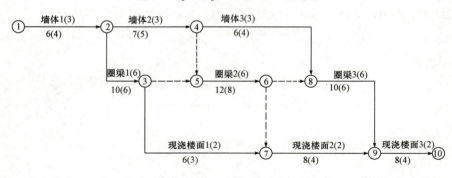

图 1-76 原始网络图

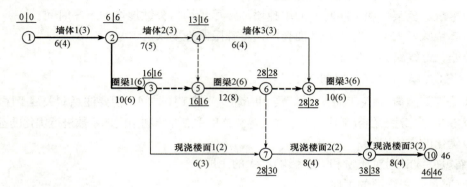

图 1-77 初始网络计划的工期及关键线路

(3)工期调整：

①第一次压缩：找关键线路上优选系数最小的工序 9—10 进行压缩，可压缩 4 d，如图 1-78 所示。

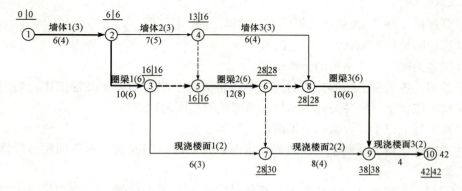

图 1-78 第一次压缩后的网络图

②第二次压缩：继续找关键线路上优选系数最小的工序 1—2 进行压缩，可压缩 2 d，如图 1-79 所示。

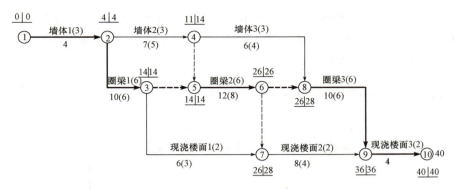

图 1-79　第二次压缩后的网络图

③第三次压缩：根据上述结果，选择关键线路上优选系数最小的工序 2—3，虽然可以压缩 4 d，但此线路将变成非关键线路，此时非关键线路工序 2—4 为 7 d，长于 2—3 时间 6 d，变为关键线路，为不改变原关键线路，只能压缩 3 d，与工序 2—4 共同为关键工序，压缩后的网络图如图 1-80 所示。

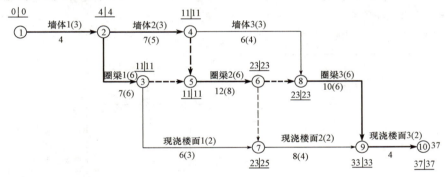

图 1-80　第三次压缩后的网络图

④第四次压缩：观察上述结果，两条关键线路同时压缩时，有一个公共工序 5—6，且在原关键线路中也为最小优选系数工序，即可以同时在两条关键线路上都压缩 4 d 工期，两条关键线路未发生变化，如图 1-81 所示。

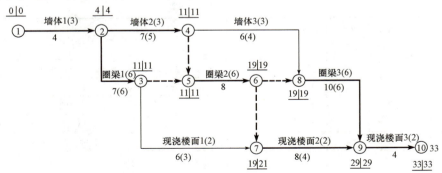

图 1-81　第四次压缩后的网络图

⑤第五次压缩：根据上述结果，选择关键线路上优选系数最小的工序 8—9，虽然可以压

缩 4 d，但此线路将变成非关键线路，此时非关键线路工序 7—9 为 8 d，长于 8—9 时间 6 d，变为关键线路。为不改变原关键线路，只能压缩 2 d，与工序 7—9 共同为关键工序，压缩后的网络图将有 4 条关键线路，如图 1-82 所示。

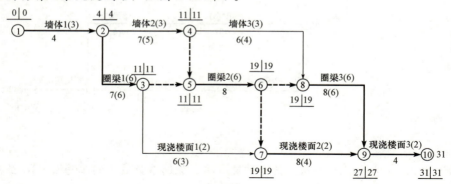

图 1-82　第五次压缩后的网络图

⑥第六次压缩：继续找关键线路上优选系数最小的工序 8—9 及 7—9 进行压缩，各自可压缩 1 d，如图 1-83 所示。

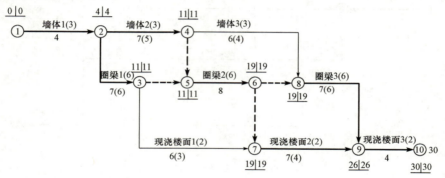

图 1-83　第六次压缩后的网络图

至此，工期达到 30 d，满足工期要求。调整优化过程见表 1-7。

表 1-7　调整优化过程

优化次数	压缩工序	组合优选系数	压缩天数/d	工期/d	关键线路
0				46	1—2—3—5—6—8—9—10
1	9—10	2	4	42	1—2—3—5—6—8—9—10
2	1—2	3	2	40	1—2—3—5—6—8—9—10
3	2—3	6	3	37	1—2—3—5—6—8—9—10、1—2—4—5—6—8—9—10
4	5—6	6	4	33	1—2—3—5—6—8—9—10、1—2—4—5—6—8—9—10
5	8—9	6	2	31	1—2—3—5—6—8—9—10、1—2—4—5—6—8—9—10、1—2—3—5—6—7—9—10、1—2—4—5—6—7—9—10
6	8—9、7—9	8	1	30	1—2—3—5—6—8—9—10、1—2—4—5—6—8—9—10、1—2—3—5—6—7—9—10、1—2—4—5—6—7—9—10

【例 1-24】 请对图 1-84 所示网络图进行优化，规定工期为 40 d。

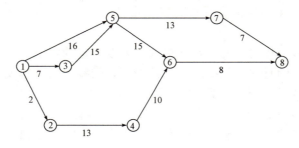

图 1-84　原始网络图

【解】 经分析，关键线路为 1—3—5—6—8，理论工期 T_c=45 d。

(1) 分析各线路工期：

1—5—7—8：36 d。

1—3—5—7—8：42 d，此线路为次关键线路。

1—3—5—6—8：45 d。

1—5—6—8：39 d。

1—2—4—6—8：33 d。

结论：关键线路压缩 5 d，非关键线路(尤其次关键线路)至少应需压缩 2 d。

(2) 调整：

方案Ⅰ：3—5 减少 2 d，5—6 减少 3 d，工期变为 40 d(关键线路 2 条)。

方案Ⅱ：3—5 减少 3 d，5—6 减少 2 d，工期变为 40 d(关键线路 1 条)。

如有类似优选系数的要求，可选择方案Ⅰ，如为保证唯一一条关键线路，则可选择方案Ⅱ，本例选择方案Ⅱ，调整后的网络图如图 1-85 所示。

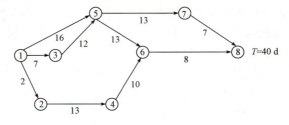

图 1-85　调整后的网络图

1.3.8.2　工期-费用优化

在理论上，工期与费用存在着非常密切的关系，但在实际施工中，往往因为各种原因的影响，费用的投入并不与工期保持着理想的均匀状态，常常是间断不连续的，甚至拖欠现象比较严重，完全用费用控制工期不太容易实现，当工程完工后，再去寻求工期与费用的关系已经没有太大的意义。但是工期-费用优化的理论方法还是比较重要的，当某段时间内费用与工期相对比较均匀时，适当采用这种优化方法，对工期的控制还是比较有益处的，下面先讨论工期与费用的一般关系。

1. 工期与费用的一般关系

工期-费用优化的目的是寻求工期较短、费用最低的方案。此时的工期一般称为最佳工期,对一般规律来说,缩短工期,直接费用增加,间接费用减少;增加工期,直接费用减少,间接费用增加。优化的目标是寻求总费用最低的工期,工期-费用关系曲线如图1-86所示。

一般间接费用多以直接费用的某费率求取,或按一定的定值标准来确定,其与工期的关系曲线常为一条正向的直线,只要求出直接费用,间接费用的也就比较容易确定,故本书主要研究关键线路各工序与直接费用的关系,如图1-87所示。

图1-87所示是取了工期-直接费用曲线的一段进行考虑的,上限点称为临界点A,在这点上,即使投入再多的费用,工期也不会有明显的缩短,实际上到此施工已经到了极限地步,是不可能完成任务的(如人工砌墙,每日每个工人最多只能砌筑$3\ m^3$,现要压缩工期砌出$6\ m^3$,已超过工人极限,给再多的费用也不可能完成)。下限点称为正常点B,在这点上,即使延长再多时间,费用也不会有多大的降低,实际到此已经到了施工的最低成本费用(如对于瓦工的每日人工费用,每日最低生活保障20元为最低人工生活成本,现在想延长时间,让工人每日只得到10元费用,也是不可能实现的)。

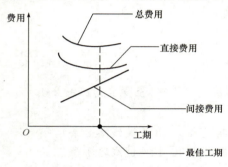

图1-86 工期-费用关系曲线

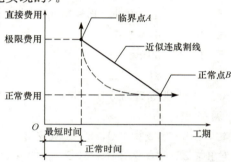

图1-87 工期-直接费用关系曲线

故在正常点与临界点之间进行工期优化是有效的,通常这两点之间相差并不太大,故为了研究问题简单化,略去次要因素,取A、B两点割线,转化成直线段进行研究,这样就引申出一个概念——费用率。其计算公式为

$$C=(极限费用-正常费用)/(正常时间-最短时间) \tag{1-40}$$

费用率表示每缩短或增加单位时间,直接费用的增加或减少。此数值越大,说明每增加或减少一天,需投入或节省的直接费用越多。

工期-费用优化是寻求关键线路上费用率最低的工序或组合工序费用率最低的方案进行优化。

2. 工期-费用优化的步骤

(1)按工作的正常持续时间找出关键工作、关键线路及正常工期。
(2)计算各项工作的费用率。
(3)在关键线路上取费用率最低的工序或组合工序费用率最低的方案进行优化。
当需要缩短关键工作的持续时间时,应符合下列两条原则:
①缩短后工作的持续时间不得小于其最短时间;
②缩短持续时间的工作不得变为非关键工作,这样是为了保证所增加的费用为最小。
(4)计算相应方案的直接费用增加值;确定间接费用及其他损益;在此基础上计算总费用。

(5)重复第(3)、(4)步骤,直到优化至极限工期。

(6)在直角坐标系中,绘制优化过程的工期-直接费用曲线、工期-间接费用曲线及工期-总费用曲线,最终确定工期-总费用曲线上总费用最低时所对应的最佳工期。

【例1-25】 某生产任务的网络图如图1-88所示,已知该任务的直接费用为30 500元,间接费用为6 000元,该任务原定22 d完成,现需要缩短工期,若由22 d减至20 d,每变化1 d间接费用减少1 000元,由20 d减至15 d,每变化1 d间接费用减少500元,求工期较短、费用最少的最优方案。

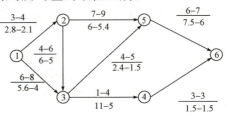

图1-88 某生产任务的网络图

注:极限时间—正常时间(d) / 极限费用—正常费用(千元)

【解】 (1)计算各工序费用率,计算公式为

$C=$(极限费用—正常费用)/(正常时间—极限时间)

如工序:

1—2:$C=(2.8-2.1)/(4-3)=0.7$(千元/d)=700元/d;

1—3:$C=(5.6-4)/(8-6)=0.8$(千元/d)=800元/d;

2—3:$C=(6-5)/(6-4)=0.5$(千元/d)=500元/d。

所有计算结果列于表1-8中。

表1-8 费用率计算

工序	时间/d		费用/元		费用率/(元·d^{-1})
	正常	极限	正常	极限	
1—2	4	3	2 100	2 800	700
1—3	8	6	4 000	5 600	800
2—3	6	4	5 000	6 000	500
2—5	9	7	5 400	6 000	300
3—4	4	1	5 000	11 000	2 000
3—5	5	4	1 500	2 400	900
4—6	3	3	1 500	1 500	不可缩短
5—6	7	6	6 000	7 500	1 500
小计	22	17	30 500	42 800	

(2)利用破圈法计算正常时间、极限时间的关键线路及工期(图1-89)。

(3)缩短工期:由图1-89可知,工期优化将在17~22 d内有效,则工期由22 d缩短为21 d。

在关键线路上取2—3工序缩短1 d,总直接费用=30 500+500=31 000(元)。

将工期由21 d缩短为20 d:

继续取2—3工序缩短1 d,总直接费用=31 000+500=31 500(元)。

工期优化为20 d的网络图如图1-90所示。

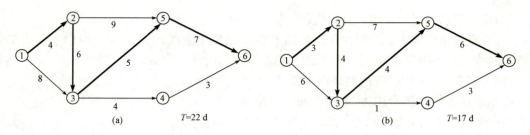

图 1-89 正常时间、极限时间的关键线路及工期示意
(a)正常时间；(b)极限时间

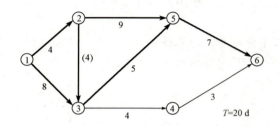

图 1-90 工期优化为 20 d 的网络图

此时出现三条关键线路：1—2—3—5—6；1—3—5—6；1—2—5—6。

将 3 条线路的费用率重新汇总，见表 1-9。

表 1-9　3 条线路的费用率计算

1—2—3—5—6		1—2—5—6		1—3—5—6	
工序	费用率/(元·d^{-1})	工序	费用率/(元·d^{-1})	工序	费用率/(元·d^{-1})
1—2	700	1—2	700	1—3	800
2—3	500	2—5	300	3—5	900
3—5	900	5—6	1 500	5—6	1 500
5—6	1 500				

(4)继续缩短工期：将工期由 20 d 缩短为 19 d。

方案Ⅰ：1—2 缩短 1 d，1—3 缩短 1 d，2—3 缩短 2 d，费用变化如下：

1—2 缩短 1 d：700×1＝700(元)。

1—3 缩短 1 d：800×1＝800(元)。

2—3 缩短 2 d：500×2＝1 000(元)。

合计：2 500 元。

方案Ⅱ：1—2 缩短 1 d；3—5 缩短 1 d，2—3 加回 1 d，费用变化如下：

1—2 缩短 1 d：700×1＝700(元)。

3—5 缩短 1 d：900×1＝900(元)。

2—3 加回 1 d：500×1＝500(元)。

合计：2 100 元。

比较两方案，方案Ⅱ优于方案Ⅰ，则优化后的网络图如图 1-91 所示。

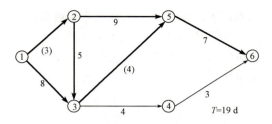

图 1-91 工期优化为 19 d 的网络图

总直接费用 = 30 500 + 2 100 = 32 600(元)。

(5)进一步缩短工期。

将工期由 19 d 缩短为 18 d：

方案Ⅰ：1—3 缩短 1 d，2—3 缩短 1 d，2—5 缩短 1 d。费用变化如下：

1—3 缩短 1 d：800×1＝800(元)。

2—3 缩短 1 d：500×1＝500(元)。

2—5 缩短 1 d：300×1＝300(元)。

合计：1 600 元。

方案Ⅱ：选 3 条线路公共工序 5—6 缩短 1 d，费用只增加 1×1 500＝1 500(元)。

比较两方案，方案Ⅱ优于方案Ⅰ，则优化后的网络图如图 1-92 所示。

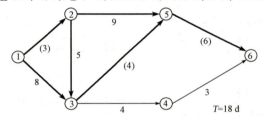

图 1-92 工期优化为 18 d 的网络图

总直接费用 = 32 600 + 1 500 = 34 100(元)。

继续将工期由 18 d 缩短为极限工期 17 d，此时只有一种方案，费用变化如下：

1—3 缩短 1 d：800×1＝800(元)。

2—3 缩短 1 d：500×1＝500(元)。

2—5 缩短 1 d：300×1＝300(元)。

合计：1 600 元。

优化后的网络图如图 1-93 所示。

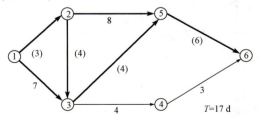

图 1-93 工期优化为极限工期 17 d 的网络图

此时工期已达到极限工期，再增加费用，工期也无法明显缩短，此时最短工期：

$$总直接费用=34\ 100+1\ 600=35\ 700(元)$$

$$所增加的总费用=35\ 700-30\ 500=5\ 200(元)$$

若将全部工序都缩短为极限工期，所增加的费用为

$$42\ 800-30\ 500=12\ 300(元)$$

两者相差 12 300－5 200＝7 100(元)，比较可观，故此种优化较为合理。

(6)绘制工期-总费用曲线，找最佳工期：把以上各过程结果及间接费用标准的变化情况汇总，见表 1-10。

表 1-10　优化过程费用计算　　　　　　　　　　　　　　　　　　元

费用	工期/d					
	22	21	20	19	18	17
直接费用	30 500	31 000	31 500	32 600	34 100	35 700
间接费用	6 000	5 000	4 000	3 500	3 000	2 500
总费用	36 500	36 000	35 500	36 100	37 100	38 200

据此绘制出工期-费用曲线，如图 1-94 所示。

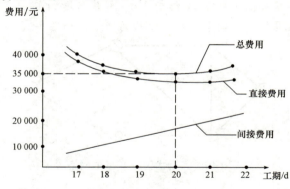

图 1-94　工期-费用曲线

可以得出：最佳工期为 20 d，直接费用为 31 500 元，间接费用为 4 000 元，总费用为 35 500 元，最佳工期网络图如图 1-95 所示。

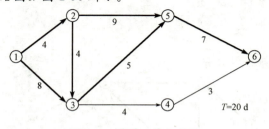

图 1-95　最佳工期网络图

1.3.8.3　工期-资源优化

资源在施工中是非常重要的一项基础元素，在施工中一般要求资源随着施工工期保持一定的均匀程度，这项优化调整具有十分重要的意义。一般资源包含的内容比较多，为完

成一项工程任务所需投入的人力、材料、机械设备和资金的统称。

在施工中衡量资源的状态常用一个概念——资源限量,它是指单位时间内可供使用的某种资源的最大数量。完成一项工程任务所需要的资源量基本上是不变的,一般不可能通过工期-资源优化将其减少。

工期-资源优化的目的是通过改变工作的开始时间和完成时间,使资源按照时间的分布符合优化目标。

工期-资源优化具体有两种方式,即资源有限-工期最短、工期固定-资源均衡。

工期-资源优化的前提条件如下:

(1)在优化过程中,不改变网络计划中各项工作之间的逻辑关系。

(2)在优化过程中,不改变网络计划中各项工作的持续时间。

(3)网络计划中各项工作的资源强度(单位时间内所需要的资源数量)为常数,即资源均衡,而且是合理的。

(4)除规定的可中断的工作外,一般不允许中断工作,应保持其连续性。

1. 资源有限-工期最短的优化

资源有限-工期最短优化方式的一般步骤如下:

(1)绘制 ES 时标网络图,计算网络图每个时间单位的资源需要量。

(2)自计划开始日期起,逐个检查每个时段资源需要量是否超过所供应的资源限量。

(3)对超过资源限量的时段进行分析:如果在该时段内有几项工作平行作业,则将一项工作安排在与之平行的另一项工作之后进行,以降低该时段的资源需要量。

例如,两项平行工作 A 与 B,为降低该段资源需要量,将工作 B 安排到工作 A 之后进行,如图 1-96 所示。

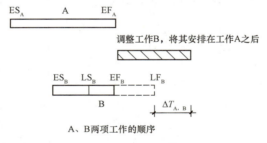

图 1-96 两项工作平行移动示意

网络计划的工期延长值为

$$\Delta T_{A,B} = EF_A + D_B - LF_B = EF_A - (LF_B - D_B) = EF_A - LS_B \qquad (1-41)$$

当 $\Delta T_{A,B} \leqslant 0$ 时,说明将工作 B 安排到 A 之后进行不影响工期;当 $\Delta T_{A,B} > 0$ 时,说明将工作 B 安排到 A 之后进行对网络计划工期有影响,使工期延长 $\Delta T_{A,B}$。

在超过资源限量的时段内,对平行工序两两排序,得出若干 $\Delta T_{A,B}$,选择其中最小的 $\Delta T_{A,B}$,将相应的工作 B 安排在工作 A 之后进行,这样可以达到既降低该时段的资源需要量,又使网络计划工期延长最短的目的。

(4)绘制调整后的网络图,重新计算每个时间单位的资源需要量。

(5)重复第(2)~(4)步骤,直至网络计划整个工期范围内每个时间单位的资源需要量均满足资源限量为止。

【例 1-26】 已知某双代号网络图如图 1-97 所示。图中箭线上方为工作的资源强度,箭线下方为工作的持续时间(d)。若资源限量 $R_A = 15$,请对其进行资源有限-工期最短的优化。

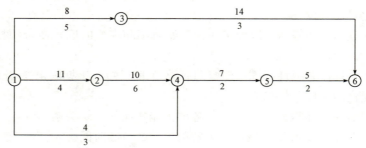

图 1-97 资源有限-工期最短优化原始网络图

【解】(1)绘制 ES 时标网络图,计算网络计划每个时间单位的资源需要量,并绘出资源需要量动态曲线,如图 1-98 所示。

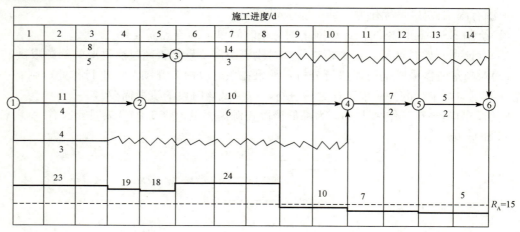

图 1-98 原始方案时标网络图及资源分布

(2)从计划开始日期起,逐个检查每个时段,经检查发现,第一时段[0,3]资源需要量超过资源限量,故应先调整该时段。

(3)在第一时段[0,3]有工作 1—3、1—2 及 1—4 3 项工作平行作业,利用公式计算 $\Delta T_{A,B}$ 值,其结果见表 1-11。

表 1-11 工期延长值计算(1)

序号	代号	EF	LS	$\Delta T_{1,2}$	$\Delta T_{1,3}$	$\Delta T_{2,1}$	$\Delta T_{2,3}$	$\Delta T_{3,1}$	$\Delta T_{3,2}$	选择 $[\Delta T_{A,B}]_{min}$
1	1—3	5	6	5	−2	—	—	—	—	$\Delta T_{2,3}$ $\Delta T_{3,1}$
2	1—2	4	0	—	—	−2	−3	—	—	
3	1—4	3	7	—	—	—	—	−3	3	

从上述计算可以看出,方案Ⅰ将 1—4 安排在 1—2 后与方案Ⅱ将 1—3 安排在 1—4 后,

对工期都无影响。经分析，使用方案Ⅰ，第一时间段资源需要量仍超限量；按方案Ⅱ调整后，第一时间段资源需要量不超限量，因此，将工序1—3安排在1—4后进行，调整网络计划如图1-99所示。

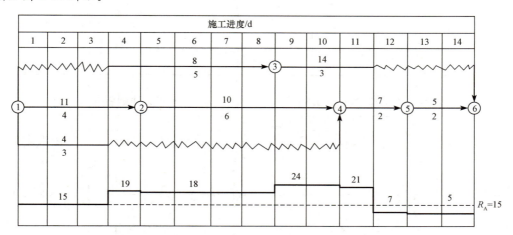

图1-99　第一次调整后的时标网络图及资源分布

(4) 从图1-99可以看出，在第二时段[3，4]存在资源超限量，故对该时段进行调整。

(5) 在第二时段[3，4]有1—3、1—2两项工作，利用公式计算$\Delta T_{A,B}$值，其结果见表1-12。

表1-12　工期延长值计算(2)

序号	代号	EF	LS	$\Delta T_{1,2}$	$\Delta T_{2,1}$	选择$[\Delta T_{A,B}]_{min}$
1	1—3	8	6	8	—	$\Delta T_{2,1}$
2	1—2	4	0	—	−2	

将1—3安排在1—2后进行，工期不延长，调整后的网络计划如图1-100所示。

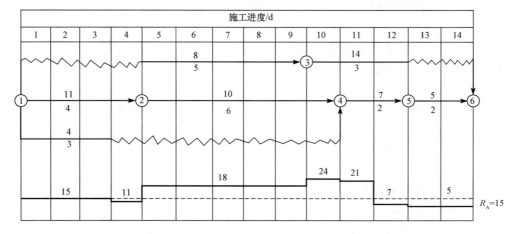

图1-100　第二次调整后的时标网络图及资源分布

(6) 在第三时段[4，9]存在资源超限量，故应继续调整该时段，在此时段内，有1—3

及 2—4 两项平行工作，利用公式计算 $\Delta T_{A,B}$ 值，其结果见表 1-13。

表 1-13 工期延长值计算(3)

序号	代号	EF	LS	$\Delta T_{1,2}$	$\Delta T_{2,1}$	选择 $[\Delta T_{A,B}]_{min}$
1	1—3	9	6	5	—	$\Delta T_{2,1}$
2	2—4	10	4	—	4	

将 1—3 安排在 2—4 后进行，工期延长较少，调整后的网络计划如图 1-101 所示。

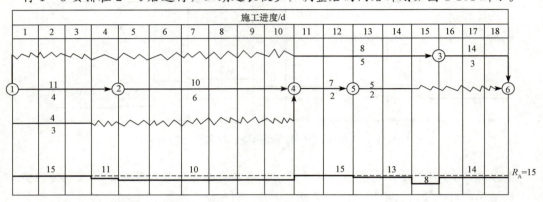

图 1-101 第三次调整后的时标网络图及资源分布

(7) 到此为止，各时段资源需要量均未超出资源限量，则资源有限-工期最短的优化已完成，图 1-101 所示方案为最优方案，其相应工期为 18 d。

2. 工期固定-资源均衡的优化

工期固定-资源均衡优化方式在实际中比较多见，往往由于各种影响及各种要求或通过前面介绍的工期优化的方法，对工期进行了固定性的限制，也就是锁定了工期，这样就需要寻求资源投入在固定工期范围内的均匀合理的分布。

工期固定-资源均衡优化的目的是使资源在工期范围内达到均匀分布，有利于工程管理及施工费用的降低。其基本方法有方差值最小法、极差值最小法、削高峰法等。这里主要介绍方差值最小法及削高峰法这两种常用的方法。

(1) 方差值最小法。

① 方差值最小法的基本思路。方差：每天计划资源需要量与平均资源需要量之差的平方和的平均值，可用下式表示：

$$\sigma^2 = \sum_{t=1}^{T} (R_t - R_m)^2 / T \tag{1-42}$$

式中　σ^2——资源需要量方差；

　　　T——网络计划的计算工期；

　　　R_t——第 t 个时间单位的资源需要量；

　　　R_m——资源需要量的平均值。

σ^2 越小，资源均衡性越好。

上述公式可以简化为

$$\begin{aligned}\sigma^2 &= \sum R_t^2/T - 2R_m\sum R_t/T + \sum R_m^2/T \\ &= \sum R_t^2/T - 2R_m R_m + TR_m^2/T \\ &= \sum R_t^2/T - R_m^2\end{aligned} \quad (1\text{-}43)$$

T 与 R_m 均为常数，欲使方差最小，必须使 $\sum R_t^2$ 最小。

对于网络计划中的某项工作 k，其资源强度用 r_k 表示，工作 k 从第 i 个时间单位开始，到第 j 个时间单位完成，则此时网络计划的资源需要量的平方和为

$$\sum R_{t0}^2 = R_1^2 + R_2^2 + \Lambda + R_i^2 + R_{i+1}^2 + \Lambda + R_j^2 + R_{j+1}^2 + \Lambda + R_T^2$$

如将 k 的开始时间右移一个时间单位，即工作 k 从第 $i+1$ 个时间单位开始，到第 $j+1$ 个时间单位结束，则此时网络计划的资源需要量的平方和为

$$\sum R_{t1}^2 = R_1^2 + R_2^2 + \Lambda + (R_i - r_k^2) + R_{i+1}^2 + \Lambda + R_j^2 + (R_{j+1} + r_k)^2 + \Lambda + R_T^2$$

以上两式相减，得到 k 的开始时间右移一个时间单位的网络计划资源需要量平方和的增量为

$$\Delta = (R_i - r_k^2) - R_i^2 + (R_{j+1} + r_k)^2 - R_{j+1}^2 = 2r_k(R_{j+1} + r_k - R_i)$$

如果 Δ 为负值，即工作 k 右移一个时间单位能使资源需要量平方和减小，就是使资源需要量的方差值减小，从而使资源需要量趋于均衡，即工作 k 的开始时间能够右移的判别式为

$$\begin{aligned}R_{j+1} + r_k - R_i &\leqslant 0 \\ R_{j+1} + r_k &\leqslant R_i\end{aligned} \quad (1\text{-}44)$$

说明：当工作 k 完成时间之后的一个时间单位所对应的资源需要量 R_{j+1} 与工作 k 的资源强度 r_k 之和不超过工作 k 开始时间所对应的资源需要量 R_i 时，将工作 k 右移一个时间单位能使资源需要量更加均衡。

同理，将工作 k 左移一个时间单位能使资源需要量更加均衡的判定条件应该为

$$R_{i-1} + r_k \leqslant R_j \quad (1\text{-}45)$$

若工作 k 不能满足式(1-44)或式(1-45)，说明工作 k 右移或左移一个时间单位不能使资源需要量更加均衡，这时可以考虑在其总时差的范围内，将工作 k 右移或左移数个时间单位，如移动 3 个时间单位，其判别式为

右移时： $(R_{j+1}+r_k)+(R_{j+2}+r_k)+(R_{j+3}+r_k)+\Lambda \leqslant R_i + R_{i+1} + R_{i+2} + \Lambda$ (1-46)

左移时： $(R_{i-1}+r_k)+(R_{i-2}+r_k)+(R_{i-3}+r_k)+\Lambda \leqslant R_j + R_{j-1} + R_{j-2} + \Lambda$ (1-47)

②优化步骤。

a. 按照各项工作的 ES 安排进度计划，绘制 ES 时标网络图，并计算网络计划每个时间单位的资源需要量。

b. 从计划的终点节点开始，按工作完成节点编号值从大到小的顺序依次进行调整，当某一节点同时作为多项工作的完成节点时，应先调整时间较迟的工作。

在调整工作时，一项工作能够右移或左移的条件是：工作具有机动时间，在不影响工期的条件下能够右移或左移；工作满足式(1-44)、式(1-45)或者满足式(1-46)、式(1-47)。

以上两个条件需同时满足。

c. 当所有工序均按照上述顺序自左向右调整一次后，为使资源需要量更加均衡，再按照上述顺序自右向左进行多次调整，直到所有工序既不能向右移也不能向左移为止。

【例 1-27】 已知某双代号网络图如图 1-102 所示。图中箭线上方为工作的资源强度，箭线下方为工作的持续时间(d)。请用方差值最小法对其进行工期固定-资源均衡的优化。

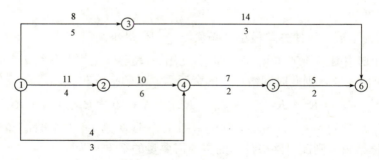

图 1-102　方差值最小法原始网络图

【解】 (1)绘制 ES 时标网络图，计算网络计划每个时间单位的资源需要量，并绘出资源需要量动态曲线(图 1-103)。

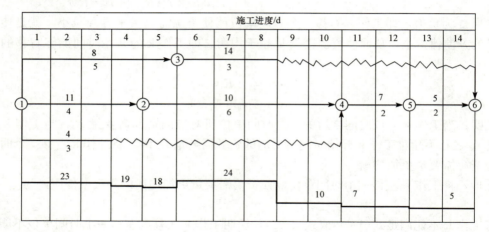

图 1-103　原始方案时标网络图及资源分布

(2)由于总工期为 14 d，故资源需要量的平均值为

$R_m = (23 \times 3 + 19 + 18 + 24 \times 3 + 10 \times 2 + 7 \times 2 + 5 \times 2)/14 = 222/14 = 15.85$

初始网络计划的方差为

$$\sigma^2 = \sum R_t^2/T - R_m^2$$
$$= (23^2 \times 3 + 19^2 + 18^2 + 24^2 \times 3 + 10^2 \times 2 + 7^2 \times 2 + 5^2 \times 2)/14 - 15.85^2$$
$$= 4\,278/14 - 15.85^2 = 54.35$$

(3)从网络计划的终点节点开始，按照工作完成节点编号值从大到小的顺序依次进行调整。

①第一次调整。

a. 以终点节点 6 为完成节点的工序有 3—6 及 5—6，其 5—6 为关键工序，工期不可调整，只能考虑调整工序 3—6，参见表 1-14。

表 1-14　工序 3—6 调整过程

第 n 次右移一个时间单位	$R_{j+1}+r_k$	R_i	是否满足公式 $R_{j+1}+r_k \leqslant R_i$	在时差范围内，可右移为从第 n 个时间单位开始
1	24	24	满足	6
2	24	24	满足	7
3	21	24	满足	8
4	21	24	满足	9
5	19	24	满足	10
6	19	21	满足	11

至此，工序 3—6 的总时差已经全部用完，不能再右移。工序 3—6 调整后的时标网络图及资源分布如图 1-104 所示。

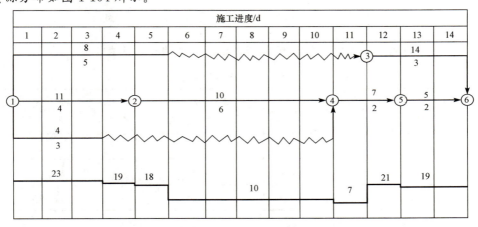

图 1-104　工序 3—6 调整后的时标网络图及资源分布

b. 以节点 5 为完成节点的工序只有一项，即工序 4—5，因其是关键工序，由于工期固定而不可移动。

c. 以节点 4 为完成节点的工序有两项，即工序 2—4 与 1—4，其中 2—4 为关键工序，不可移动，因此只可以调整工序 1—4，参见表 1-15。

表 1-15　工序 1—4 调整过程

第 n 次右移一个时间单位	$R_{j+1}+r_k$	R_i	是否满足公式 $R_{j+1}+r_k \leqslant R_i$	在时差范围内，可右移为从第 n 个时间单位开始
1	23	23	满足	1
2	22	23	满足	2
3	14	23	满足	3
4	14	23	满足	4
5	14	22	满足	5
6	14	14	满足	6
7	14	14	满足	7

工序1—4调整后的时标网络图及资源分布如图1-105所示。

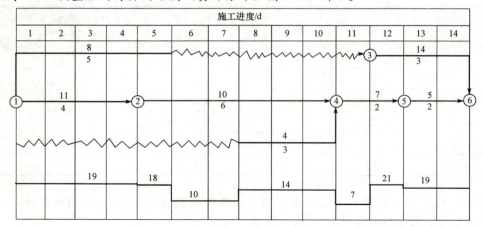

图1-105　工序1—4调整后的时标网络图及资源分布

d. 以节点3为完成节点的工序只有1—3，该工序可调整，见表1-16。

表1-16　工序1—3调整过程

第n次右移一个时间单位	$R_{j+1}+r_k$	R_i	是否满足公式 $R_{j+1}+r_k \leqslant R_i$	在时差范围内，可右移为从第n个时间单位开始
1	18	19	满足	1
2	18	19	满足	2
3	22	19	不满足	不再移动

至此，工序1—3虽然还有总时差，但是不能满足式(1-43)或式(1-44)的要求，故不能再右移，调整后的时标网络图及资源分布如图1-106所示。

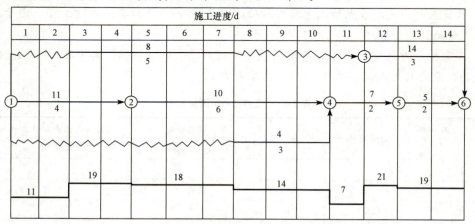

图1-106　工序1—3调整后的时标网络图及资源分布

e. 以节点2为完成节点的工序只有工序1—2，该工序为关键工序，故不可移动，至此，第一次调整结束。

②第二次调整。从图 1-106 中可以看出，所有的工序右移及左移均不能满足式(1-44)或式(1-45)的要求，而使资源需要量更加均衡。至此可知图 1-106 即本例工期固定-资源均衡的最优方案。

(4)比较优化前、后的方差值。

优化后的方差值为

$$\sigma^2 = \sum R_t^2/T - R_m^2 = (11^2 \times 2 + 19^2 \times 4 + 18^2 \times 3 + 14^2 \times 3 + 7^2 + 21^2)/14 - 15.85^2$$
$$= 3736/14 - 15.85^2 = 15.64$$

与初始方案的方差值相比，其方差降低率为

$$(54.35 - 15.64)/54.35 \times 100\% = 71.22\%$$

方差降低率比较大，此调整优化的结果比较可观，资源状态在工期范围内的分布较均匀。

(2)削高峰法。前面介绍的方差值最小法，虽然调整比较均衡，但必须计算很多相关参数，有时实际中掌握起来不那么容易。削高峰法相对比较简单，虽然比较烦琐，但不需要计算那么多参数，比较容易掌握，最终的调整结果也比较均衡。该方法的内容如下：

①网络图某部分出现不均衡，可以采取最大值减去它的一个计量单位(可根据需要确定其大小，如 1 或 10)。优化是使峰值先下降 1 个计量单位，然后按每次下降一个计量单位进行下去，直到基本削平。

②分析资源需要量的高峰并进行调整，对于超过资源限量的时段中每一个工作 i—j 是否能调整，按下式进行判断：

$$\Delta T_{i-j} = TF_{i-j} - (T_h - ES_{i-j}) \geqslant 0 \tag{1-48}$$

式中　ΔT_{i-j}——工作的时间差；

　　　T_h——资源需要量高峰期的最后时刻。

【例 1-28】 某工程网络图如图 1-107 所示，箭线的下方数字表示工作持续时间，箭线的上方数字表示工作需要的资源数量，请采用削高峰法进行工期固定-资源均衡的优化。

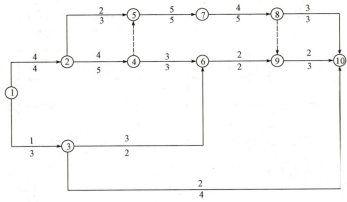

图 1-107　削高峰法原始网络图

【解】 (1)按 ES 绘制时标网络图并计算资源需要量，绘制资源需要量动态图(图 1-108)。

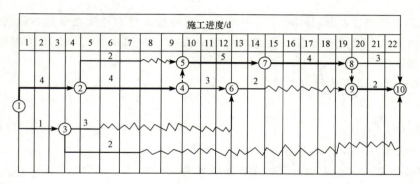

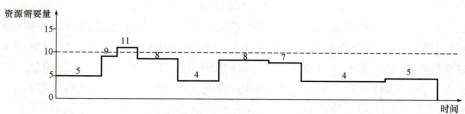

图 1-108　原始方案时标网络图及资源分布

（2）确定资源限量。最大值是第 5 d 的 11，减去 1 个计量单位，资源限量定为 $R=11-1=10$。

（3）进行优化。

①第一次调整。在此时段内，有工序 2—5、2—4、3—6、3—10，分别计算其 ΔT_{i-j}，如果 ΔT_{i-j} 相同，则应考虑资源需要量少的优先移动；如果 ΔT_{i-j} 不同，则应先移动最大的，依次进行：

$\Delta T_{2-5}=2-(5-4)=1$；$\Delta T_{2-4}=0-(5-4)=-1$；

$\Delta T_{3-6}=12-(5-3)=10$；$\Delta T_{3-10}=15-(5-3)=13$。

其中，ΔT_{3-10} 最大，则先向右移动 3—10 2 d，调整后的网络计划如图 1-109 所示。

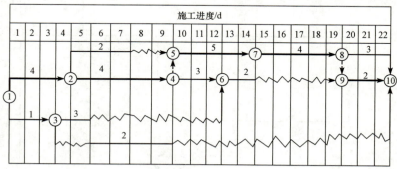

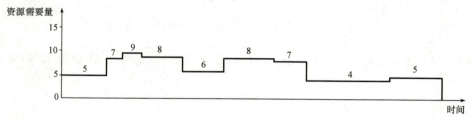

图 1-109　移动 3—10 工序后的时标网络图及资源分布

3—10 调整后,其他时段里没有再出现超过 $R=10$ 的情况,如有则继续调整。

②第二次调整。经第一次调整后,资源需要量最大值为 9,则继续取资源限量为 $R=9-1=8$。最大值仍然是第 5 d 的资源需要量(超过了资源限量 8)。在此时段内,有工序 2—5、2—4、3—6,计算其 ΔT_{i-j}:

$\Delta T_{2-5}=2-(5-4)=1$;$\Delta T_{3-6}=12-(5-3)=10$;$\Delta T_{2-4}=0-(5-4)=-1$。

其中,ΔT_{3-6} 最大,则将其向右移动 2 d,调整后的网络计划如图 1-110 所示。

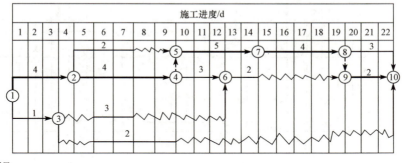
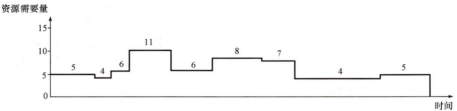

图 1-110 移动 3—6 工序后的时标网络图及资源分布

在 6~7 d 出现资源需要量超过资源限量 8 的情况,在此时段内,有工序 2—5、2—4、3—6、3—10,计算其 ΔT_{i-j}:

$\Delta T_{2-5}=2-(7-4)=-1$;$\Delta T_{2-4}=0-(7-4)=-3$;

$\Delta T_{3-6}=10-(7-5)=8$;$\Delta T_{3-10}=13-(7-5)=11$。

其中,ΔT_{3-10} 最大,则应先向右移动 3—10 2 d,但移后仍解决不了资源冲突,故选择 3—6 向右移动 2 d,结果如图 1-111 所示。

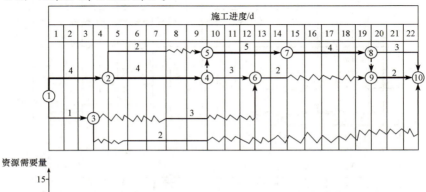
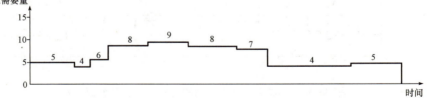

图 1-111 移动 3—6 工序后的时标网络图及资源分布

在 8~9 d 出现资源需要量超过资源限量 8 的情况，在此时段内，有工序 2—4、3—6、3—10，计算其 ΔT_{i-j}：

$\Delta T_{2-4}=0-(9-4)=-5$；$\Delta T_{3-6}=8-(9-7)=6$；

$\Delta T_{3-10}=13-(9-5)=9$。

其中，ΔT_{3-10} 值最大，则应先向右移动 3—10 4 d，结果如图 1-112 所示。

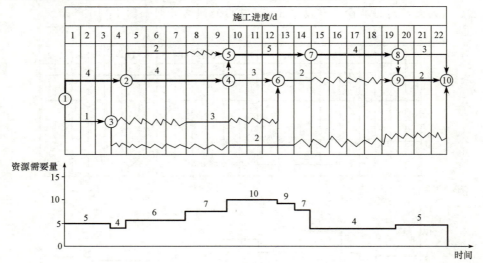

图 1-112　移动 3—10 工序后的时标网络图及资源分布

在 10~13 d 出现资源需要量超过资源限量 8 的情况，在此时段内，有工序 5—7、4—6、3—10、6—9，计算其 ΔT_{i-j}：

$\Delta T_{5-7}=0-(13-9)=-4$；$\Delta T_{4-6}=5-(13-9)=1$；

$\Delta T_{3-10}=9-(13-9)=5$；$\Delta T_{6-9}=5-(13-12)=4$。

其中，ΔT_{3-10} 值最大，则应先向右移动 3—10 4 d，但在第 14 d 仍然超过资源限量，故再多移 1 d，结果如图 1-113 所示。

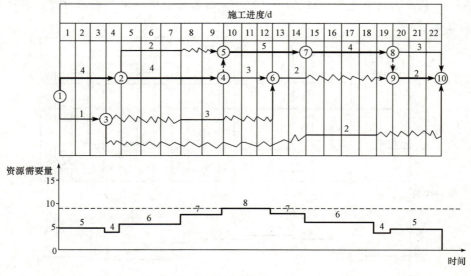

图 1-113　移动 3—10 工序后的时标网络图及资源分布

③第三次调整。经过上面的调整,在第 10~12 d,得知资源需要量最大值为 8,再进一步调整,资源限量为 $R=8-1=7$。

在该时段内有工序 5—7、4—6,计算其 ΔT_{i-j}。经反复调整后,最终把工序 3—10 的开始时间右移 4 d,把工序 4—6 的开始时间右移 5 d,得到图 1-114 所示结果。

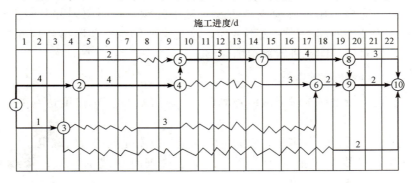

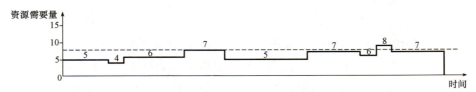

图 1-114　移动 3—10、4—6 工序后的时标网络图及资源分布

至此,3—10、6—9 及 8—10 工序再往右移动已无工序时差,且不可再降低资源需要量,但在第 19 d 仍有峰值 8 超过限值 7 的情况,经观察发现,第 10~14 d 时段是段低谷,则考虑进一步把 3—10 工序往左移动,调整到从第 10 d 开始,可把峰值降为 7 d,至此达到均不超过限值 7 的要求,最终结果如图 1-115 所示。

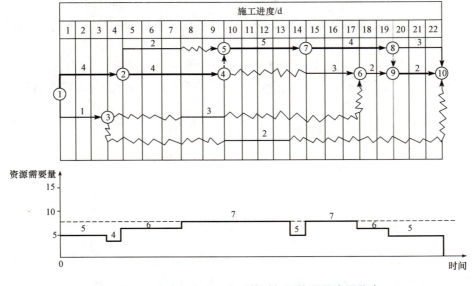

图 1-115　移动 3—10 工序后的时标网络图及资源分布

★1.3.9 网络计划检查及调整★

在实际施工组织中,网络计划会由于各种各样的原因造成原计划与实际不符的偏差,作为技术人员,应会采用各种检查方法及时发现问题,查明原因并及时进行调整及修正,使网络计划成为动态的而不是一成不变的,这就需要熟练掌握网络计划的控制、检查及调整的方法。下面对这一问题进行简单的介绍。

1.3.9.1 实际进度前锋线

实际进度前锋线是检查时标网络计划时,各项工作的实际进度达到的前锋点连接而成的折线。

常见的画法有两种:以实际完成的量值确定和以未完成的量值确定。

表示方法:锋线为锋值时为滞后——位于检查时刻线的左边;锋线为锋谷时为超前——位于检查时刻线的右边。

1.3.9.2 偏差的概念

为更好地掌握网络计划的检查及调控,首先应了解以下几个概念:

$$拟完计划投资＝计划进度＋计划投资$$
$$已完计划投资＝实际进度＋计划投资$$
$$已完实际投资＝实际进度＋实际投资$$

(1)投资偏差:

$$投资偏差＝已完实际投资－已完计划投资＝实际投资－计划投资$$

投资偏差>0,投资增加;投资偏差<0,投资节约;投资偏差=0,按计划完成。

(2)进度偏差:

①按进度时间表示:

$$进度偏差＝已完工程实际时间－已完工程计划时间$$

进度偏差>0,进度拖后;进度偏差<0,进度提前;进度偏差=0,按计划完成。

②按投资情况表示:

$$进度偏差＝拟完计划投资－已完计划投资＝计划进度－实际进度$$

进度偏差>0,进度拖后;进度偏差<0,进度提前;进度偏差=0,按计划完成。
具体如图 1-116 所示。

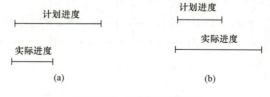

图 1-116 进度偏差示意
(a)进度拖后;(b)进度提前

1.3.9.3 网络计划的检查

实际中常以实际进度前锋线法进行网络计划的检查,其他还有 S 曲线比较法、香蕉曲线比较法、列表比较法等(这些将在项目 4 中具体介绍),现以实际进度前锋线法为主,举例说明网络计划的检查。

【例 1-29】 某网络计划的时标网络图如图 1-117 所示。工程在第 5 月月底及第 10 月月底分别进行了工程进度的检查，绘制了两条实际进度前锋线。

要求：

(1)计算第 5 月月底及第 10 月月底的已完计划投资（累计值）。

(2)分析第 5 月月底及第 10 月月底的投资偏差。

(3)用投资概念分析进度偏差。

(4)根据第 5 月月底及第 10 月月底的实际进度前锋线分析工程的进度情况。

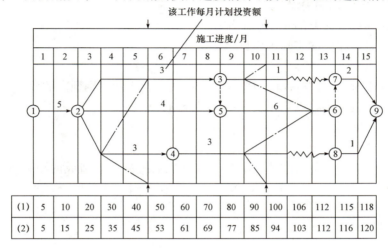

图 1-117　某网络计划的时标网络

注：(1)——计划投资（累计值）；
　　(2)——已完实际投资（累计值）。

【解】 (1)第 5 月月底及第 10 月月底的已完计划投资（累计值）：

第 5 月月底：已完计划投资＝20＋3×2＋4＝30（万元）。

第 10 月月底：已完计划投资＝80＋6×3＋0＝98（万元）。

(2)第 5 月月底及第 10 月月底的投资偏差：

第 5 月月底：已完实际投资－已完计划投资＝45－30＝15（万元）（投资增加 15 万元）。

第 10 月月底：已完实际投资－已完计划投资＝85－98＝－13（万元）（投资节约 13 万元）。

(3)投资概念分析进度偏差：

第 5 月月底进度偏差＝拟完计划投资－已完计划投资＝40－30＝10（万元）（进度拖延 10 万元）。

第 10 月月底进度偏差＝拟完计划投资－已完计划投资＝90－98＝－8（万元）（进度提前 8 万元）。

(4)分析工程的进度情况：

第 5 月月底：

2—3 工序正常；

2—5 工序拖后 1 个月，因为是关键工序，将影响工期 1 个月；

2—4 工序拖后 2 个月，因为是非关键工序，且有 2 个月的时差，故不影响工期。

第 10 月月底：

3—7工序拖后1个月,因为是非关键工序,且有2个月的时差,故不影响工期;

5—6工序提前2个月,因为是关键工序,将影响工期提前2个月;

4—8工序拖后1个月,因为是非关键工序,且有2个月的时差,故不影响工期。

综上所述,如11月开始未再发生其他偏差,则工期偏差以10月月底偏差结果为基础判定未来工期的变化情况,故本计划将会缩短2个月的工期。

1.3.9.4 网络计划的调整

1. 分析进度偏差的原因

(1)工期及相关计划的失误:

①计划时遗漏部分必要的功能或工作;

②计划值不足,相关的实际工作量增加;

③资源或能力不足;

④出现计划中未考虑到的风险或状况,未能使工程实际达到预定的效率;

⑤要求的工期较紧张,以至于实际中难以控制。

(2)工程条件的变化:

①工作量变化;

②外界对项目提出新的要求或限制,设计标准的提高可能造成的项目资源缺乏,使工程无法按时完成;

③环境条件变化;

④发生不可抗力事件。

(3)管理过程的失误:

①缺少沟通;

②工程实施者缺乏工期意识,工作出现失误或延误造成工期拖延;

③项目参与单位相互不协调,工作脱节;

④其他方面未完成项目计划规定的任务,造成拖延;

⑤承包商各种控制不力;

⑥业主发生各种不当行为。

(4)其他原因:如各项其他调整措施、设计变更及质量返修等。

2. 分析进度偏差对后续工作及总工期的影响

(1)分析出现进度偏差的工作是否为关键工作。

(2)分析进度偏差是否超过总时差。

(3)分析进度偏差是否超过自由时差。

3. 施工进度计划的调整方法

(1)增加资源投入(会带来如下问题:费用增加、资源使用效率降低、加大资源供应困难)。

(2)改变某些工作的逻辑关系(会带来如下问题:工作逻辑上的矛盾性;资源的限制,平行施工要增加资源的投入强度;工作面的限制及由此产生的现场混乱和低效率问题)。

(3)调整资源供应。

(4)增减工作范围(会带来如下问题:损害工程的完整性、经济性、运行效率,或增加项目的运行费用;必须经过上层管理者的批准,运行效率低)。

(5)提高劳动生产率(要注意下列问题:加强培训,且应尽可能提前;加强工人级别与工人技能的协调;建立工作中的激励机制;改善工作环境及项目的公用设施;促进项目小组在时间上和空间上的合理组合和搭接;多沟通,避免项目组织中的矛盾)。

(6)将部分任务转移。

(7)将一些工作包合并。

【例 1-30】 某工程的施工合同工期为 20 周,网络计划经批准后如图 1-118 所示,实际中出现了如下情况:工程进行到第 9 周结束时,检查发现 A、C、D、E、G 工序全部完成,D、F 和 H 3 项工作实际完成的资金用量分别为 15 万元、14 万元及 8 万元,且前 9 周各项工作的实际投资均与计划投资相符。

要求:(1)计算第 9 周末实际计划累计投资额。

(2)如后续工作按计划完成,分析上述 3 项工作的进度偏差对计划工期所产生的影响。

(3)重新绘制第 10 周开始至完工的时标网络图。

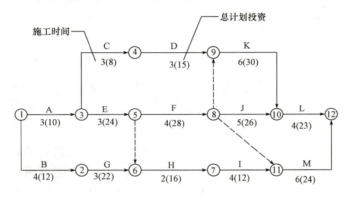

图 1-118 某工程网络图

【解】 (1)先画出该计划的时标网络图,根据已完资金量值,可以绘出第 9 周末的实际进度前锋线,并标于图中,如图 1-119 所示。

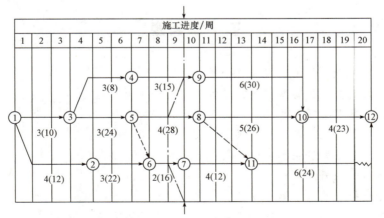

图 1-119 原计划时标网络图及进度前锋线

第 9 周末实际计划累计投资额=10+12+8+15+24+14+22+8=113(万元)。

(2)因为 F 工序为关键工序,工序进度拖后 1 周,将使工期拖长 1 周;H 工序为非关键工序，且有1周的工序时差，而H工序拖后1周未超过时差，故不影响工期，则总工期将会拖后1周，即变为21周，大于合同工期。

（3）重新绘制第10周开始至完工的时标网络图，如图1-120所示。

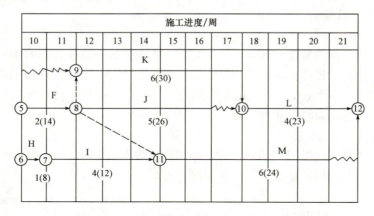

图1-120 修改后的时标网络图

项目小结

本项目主要介绍了基本建设项目、基本建设程序、施工组织的基本概念、流水施工的定义及其基本组织方式、网络计划的基本定义、网络图的绘制及网络图时间参数的计算、时标网络图及其应用、网络计划的优化、网络计划的检查及调整等内容，详细介绍了流水施工的基本表达方式（横道图及网络图）。

复习思考题

1. 简述基本建设项目的定义及其分类。
2. 基本建设过程包括哪些阶段？其各研究哪些主要问题？
3. 常见组织施工有哪几种形式？其各自有哪些特点？
4. 流水施工的特点及其经济效果是什么？
5. 流水施工包括哪些主要参数？其各自有哪些基本要求？
6. 网络图可分为哪几类？
7. 双代号网络图的3个基本要素是什么？
8. 双代号网络图的时间参数主要有哪些？基本计算方法有哪些？
9. 网络计划的优化有哪些形式？其各自有哪些基本要求？
10. 什么是实际进度前锋线？其常见的绘制方法有哪几种？

实训练习题

1. 某建筑公司为某集团小区建造四栋结构形式完全相同的六层钢筋混凝土结构住宅楼。如果设计时把每一栋住宅楼作为一个施工段,并且所有的施工段都安排一个工作队或安装一台机械,每栋楼的主要施工过程和各个施工过程的流水节拍如下:基础工程 7 d、结构工程 14 d、室内装修工程 14 d、室外工程 7 d。根据流水节拍的特点,可组织异节奏流水施工。

问题:
(1)什么是异节奏流水组织方式?其特点是什么?
(2)什么是流水节拍?其应怎样计算?
(3)根据背景资料,如何组织异节奏异步距流水施工及成倍节拍流水施工两种方案计划?

2. 某工程包括三幢结构相同的砖混住宅楼,组织单位工程流水,以每幢住宅楼为一个施工段。已知:

(1)地面±0.000 m 以下部分按土方开挖、基础施工、底层预制板安装、回填土 4 个施工过程组织固定节拍流水施工,流水节拍为 2 周。

(2)地上部分按主体结构、装修、室外工程组织加快的成倍节拍流水施工,各由专业工作队完成,流水节拍为 4、4、2 周。

要求地上部分与地下部分最大限度搭接,均不考虑间歇时间,试绘制该工程的施工进度计划横道图。

3. 某粮库工程拟建 3 个结构形式与规模完全相同的粮库,施工过程主要包括挖基槽、浇筑混凝土基础、墙板与屋面板吊装和防水。根据施工工艺要求,浇筑混凝土基础 1 周后才能进行墙板与屋面板吊装。各施工过程的流水节拍见表 1-17,试分别绘制组织 4 个专业工作队和增加相应专业工作队的流水施工进度计划横道图。

表 1-17 各施工过程的流水节拍

施工过程	流水节拍/周	施工过程	流水节拍/周
挖基槽	2	吊装	6
浇筑混凝土基础	4	防水	2

4. 某基础工程包括挖基槽、做垫层、砌基础和回填土 4 个施工过程,分为 4 个施工段组织流水施工,各施工过程在各施工段的流水节拍见表 1-18。根据施工工艺要求,在砌基础与回填土之间的间歇时间为 2 d。试确定相邻施工过程之间的流水步距及流水施工工期,并绘制流水施工图。

表 1-18 各施工过程在各施工段的流水节拍   d

施工过程	施 工 段			
	Ⅰ	Ⅱ	Ⅲ	Ⅳ
挖基槽	2	2	3	3
做垫层	1	1	2	2
砌基础	3	3	4	4
回填土	1	1	2	2

5. 根据表 1-19 绘制双代号网络图。

表 1-19 某工程施工工序一览表

工序代号	紧前工序	紧后工序
A	—	B、C、G
B	A	D、E
C	A	H
D	B	H
E	B	F、I
F	E	J
G	A	J
H	D、C	J
I	E	K
J	F、G、H	K
K	I、J	—

6. 计算图 1-121 所示双代号网络图的时间参数。

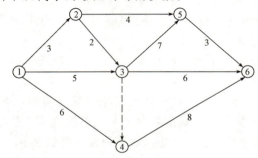

图 1-121 双代号网络图

7. 某工程的时标网络图（单位：月）和投资数据如图 1-122 所示，其中，工作箭线上方的数字为该工作每月完成的投资额（单位：万元）。

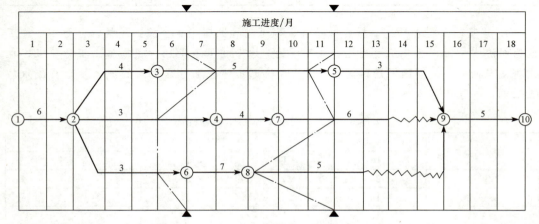

图 1-122 时标网络图和投资数据

已完工程实际累计投资额见表 1-20。

表 1-20 已完工程实际累计投资额

月份	1	2	3	4	5	6	7	8	9	10	11	12	13	14	15	16	17	18
已完工程实际累计投资额/万元	6	12	22	34	45	57	69	85	97	118	132	146	156	159	160	166	170	177

要求：
(1) 根据上述网络图进度前锋线分析 6 月月底、11 月月底工程进度情况。
(2) 试用时标网络图重新绘制 12 月开始后的网络计划。
(3) 从投资角度分析 6 月月底和 11 月月底的进度偏差。
(4) 试分析 6 月月底和 11 月月底的投资偏差。

8. 计算图 1-123 某工程在给定工期为 20、22、24、26、28 周时完成的可能性。

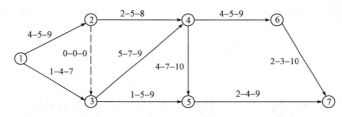

图 1-123 某工程网络计划图

项目 2　施工组织设计编制

学习要求

学习概述	学习目标	学习重点
本项目根据《建筑施工组织设计规范》(GB/T 50502—2009)的要求，对施工组织总设计及单位工程施工组织设计的编制内容、方法和步骤进行了阐述，涵盖工程概况、施工部署、施工方案、施工总进度计划、全场的施工准备工作计划、施工总平面布置和各项主要技术经济指标等内容。	通过对本项目的学习，掌握施工组织总设计及单位工程施工组织设计的编制方法和编制步骤。	原始资料的收集、施工部署、施工总进度计划、全场的施工准备工作计划、施工总平面布置。

任务 1　施工组织总设计编制

施工组织总设计是以整个建设项目或建筑群体工程为编制对象，规划其施工全过程各项施工活动的技术经济性文件，带有全局性和控制性，其目的是对整个建设项目或建筑群体工程的施工活动进行通盘考虑、全面规划和总体控制。

★2.1.1　施工组织总设计的作用、编制程序及依据★

2.1.1.1　施工组织总设计的作用

(1)从全局出发，为建设项目或建筑群的施工作出全局性的战略部署。
(2)为做好施工准备工作，保证资源供应提供依据。
(3)为确定设计方案的施工可行性和经济合理性提供依据。
(4)为建设单位编制基本建设计划提供依据。
(5)为施工单位编制生产计划和单位工程施工组织设计提供依据。
(6)为组织全工地施工提供科学方案和实施步骤。

2.1.1.2　施工组织总设计的编制程序

施工组织总设计的编制程序如图 2-1 所示。

2.1.1.3　施工组织总设计的编制依据

施工组织总设计的编制依据主要有建设项目基础文件，工程建设政策、法规和规范资料，建设地区原始调查资料，类似施工项目经验资料。

1. 建设项目基础文件

（1）建设项目可行性研究报告及其批准文件。
（2）建设项目规划红线范围和用地批准文件。
（3）建设项目勘察设计任务书、图纸和说明书。
（4）建设项目初步设计和技术设计批准文件，以及设计图纸和说明书。
（5）建设项目总概算、修正总概算或设计总概算。
（6）建设项目施工招标文件和工程承包合同文件。

2. 工程建设政策、法规和规范资料

（1）工程建设报建程序有关规定。
（2）动迁工作有关规定。
（3）工程项目实行建设监理有关规定。
（4）工程建设管理机构资质管理有关规定。
（5）工程造价管理有关规定。
（6）工程设计、施工和质量验收有关规定。

3. 建设地区原始调查资料

（1）地区气象资料。
（2）工程地形、工程地质和水文地质资料。
（3）地区交通运输能力和价格资料。
（4）地区建筑材料、构配件和半成品供应状况资料。
（5）地区进口设备和材料到货口岸及其转运方式资料。
（6）地区供水、供电、电信和供热能力及价格资料。

4. 类似施工项目经验资料

类似施工项目成本控制资料、工期控制资料、质量控制资料、安全及环保控制资料、技术新成果资料和管理新经验资料、实例资料。

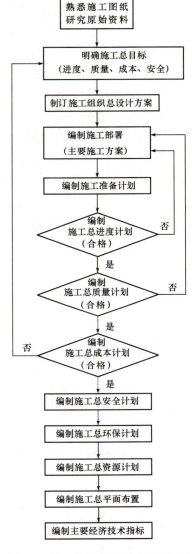

图 2-1 施工组织总设计的编制程序

★2.1.2 施工组织总设计的编制内容★

施工组织总设计的编制内容根据建设项目的规模、性质，建筑结构的复杂程度、特点不同，建筑施工场地的条件差异和施工复杂程度不同，其内容也不完全一样，一般包括以下几项：

（1）工程概况和施工特点分析。
（2）施工部署。
（3）施工总进度计划、全场的施工准备工作计划、总资源需要量计划。
（4）施工总平面布置和各项主要技术经济评价指标等。

2.1.2.1 工程概况和施工特点分析

工程概况是对拟建项目或建筑群所作的一个简明扼要、突出重点的文字介绍，目的是对整个建设项目的基本情况作一个总的分析说明，必要时还需要附上建设项目设计总平面图和主要建筑的平、立、剖面示意图及有关表格。工程概况一般应包括工程构成情况概况，建设项目的建设、设计和承包单位概况，建设地区的自然条件状况、工程特点及项目实施条件分析。

1. 工程构成情况概况

工程构成情况概况主要说明：建设项目名称、性质和建设地点；占地总面积和建设总规模；建筑安装工作量和设备安装总吨数；每个单项工程占地面积、建筑面积、建筑层数、建筑体积、结构类型和复杂程度。工程构成情况概况通常以表2-1表示。

表2-1 工程构成情况概况一览表

单位工程名称	工程造价/万元	占地面积/m²	建筑面积/m²	层数	建筑总高度/m	基础形式	上部结构类型	装饰装修情况	建筑安装情况

2. 建设项目的建设、设计和承包单位概况

建设项目的建设、设计和承包单位概况主要说明：建设项目的建设、勘察、设计、总承包和分包单位名称，以及建设单位委托的社会建设监理单位名称与其监理班子组织状况。工程建设概况通常以表2-2表示。

表2-2 工程建设概况一览表

工程名称		工程地址	
建设单位		勘察单位	
设计单位		监理单位	
质量监督部门		总承包单位	
合同工期		合同工程投资额	
主要分包单位			
工程主要功能或用途			

3. 建设地区的自然条件状况、工程特点及项目实施条件分析

(1)建设地区自然条件状况主要说明：气象及其变化状态、工程地形和工程地质及其变化状态、工程水文地质及其变化状态、地震级别及其危害程度、周边道路及交通条件、场区及周边地下管线情况。

(2)工程特点及项目实施条件分析。

①工程特点需概要说明工程特点、难点，如高、大(体量、跨度等)、新(结构、技术等)、特(有特殊要求)、重(国家、行业或地方的重点工程)、深(基础)、近(与周边建筑或道路)、短(工期)等；

②项目实施条件分析主要对工程施工合同条件、现场条件、现行法规条件进行分析。必要时，可概要说明项目管理特点，包括项目承包方式，业主对项目在质量、安全、工期等方面的总体要求等。

2.1.2.2 施工部署

施工部署明确地指出了整个工程施工全过程的工作内容和工作顺序。其编制的好坏对整个工程的顺利施工具有重要的意义。施工部署主要由确定主要施工程序、施工方法，建立项目管理体系，明确施工任务划分与组织安排，编制施工准备工作计划等内容组成。

1. 确定主要施工程序、施工方法

（1）确定工程开展程序。根据建设项目总目标的要求，能否确定合理的各项工程总的开展程序，是关系到整个建设项目能否迅速完成的重大问题，也是施工部署中组织施工全局生产活动的战略目标。在确定施工开展程序时，主要应考虑以下几点：

①在保证工期的前提下，分期分批施工。建设工期是施工的时间总目标，在满足工期要求这个大前提下，科学地划分独立交工系统，对建设项目中投产或交付使用的相对独立的子系统实行分期分批建设并进行合理的搭接，这既可在全局上实现施工的连续性、均衡性，减少临时设施、降低工程成本，又可使各子系统迅速建成，尽早投入使用，发挥其投资效益。例如：施工工期长、技术复杂、施工困难多的工程，应提前安排施工；急需的和关键的工程，应先期施工和交工；可供施工使用的永久性工程和公用设施工程（包括供水设施、排水干线、输电线路、配电变压所、交通道路等），应提前施工和交工；按生产工艺要求起主导作用或需先期投入生产的工程应优先安排；生产上需先期使用的机修车间、车库、办公楼及家属宿舍等，应提前施工和交工。

②一般应按先地下后地上、先深后浅、先干线后支线的原则进行安排，如路下的管线先施工，然后修筑道路。

③已完工程的生产或使用和在建工程的施工互不妨碍，使生产、施工两不误。

④保持施工程序与各类物资及技术条件供应之间的平衡以及这些资源的合理利用，促进均衡施工。

⑤季节对施工的影响，在冬期施工时，必须考虑冬期施工的特点和正确地确定冬期施工的工程项目，既要保证施工的连续性和全年性，又要考虑其经济性，以免造成施工的复杂性。例如，大规模土方工程和深基础土方施工一般要避开雨季；寒冷地区的房屋施工尽量在入冬前封闭，以便在冬季进行室内作业和设备安装。

（2）确定主要施工方法。

①对于主要的单项工程、单位工程及特殊的分项工程，应在施工组织总设计中拟订其施工方案，其目的是组织和调集施工力量，并进行技术和资源的准备工作。同时，也为施工进程的顺利开展和工程现场的合理布置提供依据。其主要内容包括确定施工工艺流程、选择大型施工机械和主要施工方法等。

②选择大型施工机械时应注意其可能性、适用性及经济合理性，即施工机械的性能既能满足工程的需要，又能充分发挥其效能，在各个工程上能够进行综合流水作业，减少其拆、装、运的次数；辅助机械的选择应与主导机械配套。

③选择主要工种施工方法时，应尽量扩大工厂化施工范围，努力提高机械化施工程度，兼顾技术上的先进性和经济上的合理性，例如土石方、砌体、混凝土及钢筋混凝土结构、

钢结构、设备安装、工业管道等拟采用的工厂化、机械化施工方法以及扩大预制装配、提高机械化程度的有关措施等。

2. 建立项目管理体系

(1)建立项目管理组织。首先，要明确项目管理组织的组织目标、组织内容和组织结构模式，建立统一的工程指挥系统，常采用组织机构框图表示；其次，要体现组织人员配置、业务联系和信息反馈，明确组织人员的所属机构。不同的工程项目管理，其组织机构应是不相同的。项目管理人员的工作职责和权限常以表2-3表示。

表2-3　项目管理人员的工作职责和权限

序号	项目职务	姓名	工作职责和权限

(2)制定项目管理目标。项目管理目标主要说明项目管理控制目标，包括业主对建设项目施工总成本、总工期和总质量的等级要求，以及每个单项工程的施工成本、工期、质量、安全及现场控制目标的等级要求。单项工程管理目标通常以表2-4表示。

表2-4　单项工程管理目标一览表

单项工程名称	项目施工成本	工　期	质量目标	安全目标	文明施工目标

(3)总承包管理。总承包管理主要包括总包合同范围与总包范围内的分包工程管理。

根据合同总包、分包要求，组建综合或专业施工队，合理划分每个承包单位的施工区域，明确主导施工项目和穿插施工项目及其建设期限，可用表2-5表示。

表2-5　总包范围内施工区段任务划分与安排一览表

施工项目名称	项目负责人	专业施工队	施工队负责人	开始施工时间	建设工期	承包形式

3. 明确施工任务划分与组织安排

在明确施工项目管理体制、机构的条件下，划分各参与施工单位的工作任务，明确总包与分包的关系，建立施工现场统一的组织领导机构及职能部门，确定综合、专业化的队伍，明确各单位之间的分工协作关系及施工要求，划分各施工阶段，确定各单位分期分批的主攻项目及其穿插项目。

4. 编制施工准备工作计划

全场的准备工作及临时设施规划，包括思想准备、组织准备、技术准备、物资准备、各项生产及生活临时设施。应根据施工开展程序和主要工程项目施工方案进行编制，其主要内容有以下几项：

(1)做好土地征用、居民拆迁和现场障碍物拆除工作。

(2)安排好场内外运输、施工用主干道、水电气主要来源及其引入方案。

(3)安排好场地平整方案和全场性排水、防洪。

(4)安排好生产、生活基地建设，包括商品混凝土搅拌站、预制构件厂、钢筋、木材加工厂，机修厂及职工生活设施等。

(5)安排建筑材料、成品、半成品的供应、运输和储存方式。

(6)按照建筑总平面图要求，做好现场控制网测量工作。

(7)组织项目采用的新结构、新材料、新技术的试制和试验工作，做好工人上岗前的技术培训工作及冬、雨期施工所需的特殊准备工作。

2.1.2.3 施工总进度计划、全场的施工准备工作计划、总资源需要量计划

施工总进度计划是以拟建项目交付使用时间为目标确定的控制性施工进度计划，是施工现场各项施工活动在时间上的体现。它根据施工部署的要求，合理确定每个交工系统及其单项工程的控制工期，以及它们之间的施工顺序和搭接关系，从而确定施工现场上劳动力、材料、施工机械、成品、半成品的需要量和调配情况，现场临时设施的数量，供水、供电和其他动力的需要数量等。

1. 施工总进度计划

编制施工总进度计划应根据施工部署中建设工程分期、分批投产顺序，将每个交工系统的各项工程分别列出，在控制的期限内进行各项工程的具体安排。建设项目的规模不大、各交工系统工程项目不多时，也可不按分期、分批投产顺序安排，而直接安排总进度计划。编制施工总进度计划的方法和步骤，可视具体单位和编制人员的经验多少而有所不同，一般可按下述方法进行编制：

(1)列出工程项目一览表并计算工程量。首先，根据建设项目的特点划分项目。施工总进度计划主要起控制总工期的作用，因此，项目划分不宜过细，通常按照分期分批投产顺序和工程开展顺序列出，并突出主要工程项目，一些附属项目、辅助工程、临时设施可以合并列出；然后，估算主要项目的实物工程量。可以按初步(或扩大初步)设计图纸并根据定额手册或有关资料计算工程量，常用的定额资料有以下几种：

①万元或十万元投资工程量、劳动力及材料消耗扩大指标。在这种定额中，规定了某一结构类型建筑，每万元或十万元投资中劳动力、主要材料等的消耗数量。对照图纸中的结构类型，即可估算出拟建工程各分项需要的劳动力和主要材料的消耗数量。

②概算指标或扩大结构定额。这两种定额都是在预算定额基础上的进一步扩大。概算指标是以建筑物每 100 m³ 体积为单位；扩大结构定额则以每 100 m² 建筑面积为单位。查定额时，首先查找与本建筑物结构类型、跨度、高度类似的部分，然后查出这种建筑物按定额单位所需的劳动力和各项主要材料消耗量，从而推算出拟计算项目所需的劳动力和材料的消耗量。

③标准设计或已建房屋、构筑物的资料。在缺乏上述几种定额的情况下，可采用标准设计或已建成的类似建筑物实际所消耗的劳动力及材料加以类推，按比例估算。但是，与拟建工程完全相同的已建工程是比较少见的，因此，在利用已建成工程资料时，可根据设计图纸与预算定额予以折算、调整。

④除房屋外，还必须确定主要的全工地性工程的工程量。如场地平整、铁路、道路和地下管线的长度等，这些可以根据建筑总平面图来计算。按上述方法计算出的工程量，应填入统一的工程量汇总表中。

(2)确定各单位工程(或单个构筑物)的施工期限。影响单位工程施工期限的因素有很多，如建筑类型、结构特征、施工方法、施工技术、施工管理水平、机械化程度以及施工现场的地形和地质条件等。因此，各单位工程的工期应根据现场具体条件，综合考虑上述影响因素后予以确定。另外，也可参考有关的工期定额(或指标)来确定各单位工程的施工期限。

(3)确定各单位工程开工、竣工时间和相互搭接关系。在确定了各主要单位工程的施工期限之后，就可以对每一个单位工程的开工、竣工时间进行具体确定，并可以进一步安排各单位工程搭接施工的时间，尽量使主要工种的工人能连续、均衡地施工。在具体安排时应着重考虑以下几点：

①同一时期开工的项目不宜过多，以避免分散有限的人力、物力。

②力求使主要工种、施工机械及土建中的主要分部分项工程连续施工。

③尽量使劳动力、技术物资在全工程上均衡消耗，避免出现短时高峰和长时低谷，以利于劳动力的调度和原材料的供应。

④满足生产工艺要求。根据工艺所确定的分期分批建设方案，合理安排各个建筑物的施工顺序和衔接关系，做到土建施工、设备安装和试生产在时间、量的比例上均衡、合理，实现生产一条龙。

⑤确定一些后备工程，调节主要项目的施工进度。如宿舍、办公楼、附属和辅助设施等作为调剂项目，穿插在主要项目的流水中，以便在保证重点工程项目的前提下实现均衡施工。

(4)编制施工总进度计划。以上各项工作完成后，即可着手编制施工总进度计划。可以采用横道图或网络图表达施工总进度计划，由于其主要在总体上起控制作用，故不宜计划过细，否则不利于调整和实施过程中的动态控制。

①采用横道图表达施工总进度计划。可以按照施工总体方案所确定的工程展开程序编制项目初步总进度计划，并在此基础上绘制建设项目的资源动态曲线；评估其均衡性，如果曲线上存在较大的高峰或低谷，按照综合平衡的要求进行调整，使各个时期的工作量和物资消耗尽量达到均衡，然后编制正式施工总进度计划。用横道图表示施工总进度计划和主要分部工程进度计划的表格形式见表2-6、表2-7。

表2-6 施工总进度计划表

序号	单项工程名称	建安指标		设备安装指标/t	造价/千元			施工进度					
		单位	数量		合计	建筑工程	设备安装	第一年				第二年	第三年
								1	2	3	4		

表 2-7　主要分部工程进度计划表

序号	单项工程 单位工程 分部工程名称	工程量		机械			劳动力			施工天数	施工进度/月 ××年					
		单位	数量	机械名称	台班数量	机械台数	工种名称	总工日数	工人数		1	2	3	4	5	6

②采用网络图编制施工总进度计划。首先，可依据各项目的施工期限和它们之间的逻辑关系编制网络计划草图；然后，根据进度目标、成本目标、资源目标进行优化；得到正式施工总进度计划网络图，并确定计划中的关键线路和关键工作，作为项目实施过程中的重点控制对象。图 2-2 所示为某幼儿园施工进度网络图示例。

2. 全场的施工准备工作计划

施工总进度计划能否按期实现，很大程度上取决于相应的施工准备工作能否及时开始、按时完成，因此，按照施工部署中的施工准备工作规划的项目、施工方案要求和施工总进度计划安排等，编制全场的施工准备工作计划，将施工准备期内的准备工程和其他准备工作进行具体安排和逐一落实，是施工总进度计划中准备工程项目的进一步具体化，也是实施施工总进度计划的要求。主要施工准备工作计划常以表格形式表示，见表 2-8。

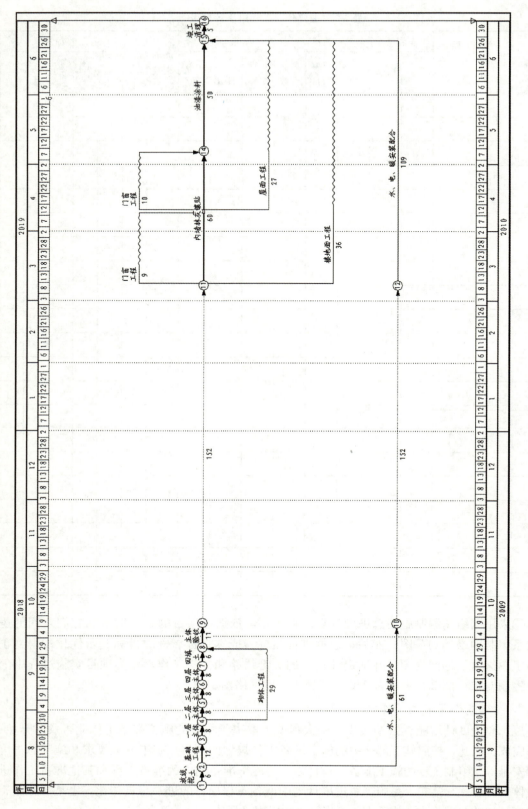

图 2-2 某幼儿园施工进度网络图示例

表 2-8 主要施工准备工作计划

序号	准备工作名称	准备工作内容	主办单位	协办单位	完成日期	负责人	备注

3. 总资源需要量计划

编制好施工总进度计划以后,就可据此编制出各种主要资源的需要量计划。

(1)劳动力需要量计划。劳动力需要量计划是编制施工设施和组织工人进场的主要依据。它是根据工程量汇总表、施工准备工作计划、施工总进度计划、概(预)算定额和有关经验资料,分别确定每个单项工程专业工种的劳动量工日数、工人数和进场时间,然后逐项汇总,直至确定整个建设项目劳动力需要量计划,其表格形式见表 2-9。

表 2-9 劳动力需要量计划

序号	单项工程名称	总劳动量/工日	专业工种/工日	需要量计划/工日										
				年 度						年 度				

(2)主要材料和成品、半成品需要量计划。主要材料和成品、半成品需要量计划是组织材料和预制品加工、订货、运输,确定堆场和仓库的依据。它是根据施工图纸、施工部署和施工总进度计划编制的。

根据拟建的不同结构类型的工程项目和工程量汇总表,参照本地区概(预)算定额或已建类似的工程资料,便可以计算出建筑物所需的各种材料和预制品的需要量,然后依据总进度计划,大致估算出某些建筑材料和预制品在某季度的需要量,从而编制出主要材料和成品、半成品需要量计划。

①主要材料需要量计划,是指水泥、钢筋、砂、石子、砖、石灰、防水材料等主要材料需要量计划,其表格形式见表 2-10。

表 2-10 主要材料需要量计划

序号	单位(项)工程名称	材料名称	规格	需要量		需要时间			备注
				单位	数量	×月	×月	×月	

②成品、半成品需要量计划,是指混凝土预制构件、钢结构、门窗构件等成品、半成品需要量计划,其表格形式见表 2-11。

表 2-11　成品、半成品需要量计划

序号	单位(项)工程名称	成品、半成品名称	规格	需要量		需要时间			备注
				单位	数量	×月	×月	×月	

(3)施工机具和生产设备需要量计划。施工机具和生产设备需要量计划是确定施工机具、生产设备进场，施工用电量和选择变压器的依据。它根据施工部署、施工方案、施工总进度计划、主要工种工程量和机械台班产量定额确定；辅助机械的需要量可以根据安装工程的每十万元扩大概算指标求得；运输机具的需要量根据运输量计算。上述汇总结果可参照表 2-12～表 2-14。

表 2-12　施工工具需要量计划

序号	单位(项)工程名称	模板		钢管		脚手板		……
		需用量	进场日期	需要量	进场日期	需用量	进场日期	
								……

表 2-13　施工机具需要量计划

序号	施工机具名称	型号	规格	电功率/(kV·A)	需要量	使用单位(项)工程名称	使用时间

表 2-14　生产设备需要量计划

序号	生产设备名称	型号	规格	电功率/(kV·A)	需要量	使用单位(项)工程名称	进场时间

(4)大型临时设施需要量计划。大型临时设施包括大型临时生产、生活用房，临时道路，临时用水、用电和供热、供气设施等，其表格形式见表 2-15。

表 2-15　大型临时设施需要量计划

序号	大型临时设施名称	型号	需要量	单位	使用时间	备注

2.1.2.4　施工总平面布置

施工总平面布置常以施工总平面图来表示，是拟建项目施工现场的总体布置图。它是一个具体指导施工部署的行动方案，对于指导现场进行有组织、有计划的文明施工具有重大意义。施工总平面图按照施工部署、施工方案和施工总进度计划的要求，对施工现场的交通道路、材料仓库、附属生产企业、临时房屋建筑和临时水、电管线等作出合理的规划布置，从而正确处理全工地施工期间所需各项临时设施和永久性建筑物以及拟建工程之间的空间关系。施工总平面图按照规定的图例进行绘制，一般比例为1∶1 000或1∶2 000。

1. 施工总平面布置的原则

(1)在满足施工需要的前提下，尽量减少施工用地，不占或少占农田，施工现场布置要紧凑、合理。

(2)合理布置起重机械和各项施工设施，科学规划施工道路，尽量降低运输费用。

(3)科学确定施工区域和场地面积，尽量减少专业工种之间的交叉作业。

(4)尽量利用永久性建筑物、构筑物或现有设施为施工服务，降低施工设施建造费用，尽量采用装配式施工设施，提高其安装速度。

(5)各项施工设施布置都要满足"有利生产、方便生活、安全防火和环境保护"的要求。

2. 施工总平面布置的依据

(1)建设项目建筑总平面图、竖向布置图和地下设施布置图。

(2)建设项目施工部署和主要建筑物施工方案。

(3)建设项目施工总进度计划、施工总质量计划和施工总成本计划。

(4)建设项目施工总资源计划和施工设施计划。

(5)建设项目施工用地范围和水电源位置，以及建设项目安全施工和防火标准。

3. 施工总平面布置的内容

(1)建设项目施工用地范围内的地形和等高线；全部地上、地下已有和拟建的建筑物、构筑物及其他设施的位置和尺寸。

(2)全部拟建的建筑物、构筑物和其他基础设施的坐标网。

(3)为整个建设项目施工服务的施工设施布置，它包括生产性施工设施和生活性施工设施两类。生产性施工设施包括工地加工设施、工地运输设施、工地储存设施、工地供水设施、工地供电设施和工地通信设施6种；生活性施工设施包括行政管理用房屋、居住用房屋和文化福利用房屋3种。

(4)建设项目施工必备的安全、防火和环境保护设施布置。

4. 施工总平面设计的步骤

(1)把场外交通引入现场。

(2)确定仓库和堆场位置。

(3)确定搅拌站和加工厂位置。

(4)确定场内运输道路位置。

(5)确定生活性施工设施位置。

(6)确定水电管网和动力设施位置。

5. 施工总平面管理

施工总平面管理是指在施工过程中对施工场地的布置进行合理的调节。

(1)施工总平面管理应以施工总平面规划为依据，总包单位应根据工程进度情况对施工总平面布置进行调整、补充和修改，以满足各单位不同时间的需要。

(2)施工总平面管理包括施工总平面的统一管理和各专业施工单位的区域管理，确定各个区域内部有关道路、动力管线、排水沟渠及其他临时工程的施工、维修、养护责任。

(3)施工总平面管理要根据不同时间和不同需要，结合实际情况合理调整场地；对运输大宗材料的车辆作出妥善安排,避免拥挤堵塞;大型施工现场在施工管理部门内应设专职组,负责施工总平面管理,一般现场也应指派专人管理此项工作。

某工程施工总平面布置图如图 2-3 所示。

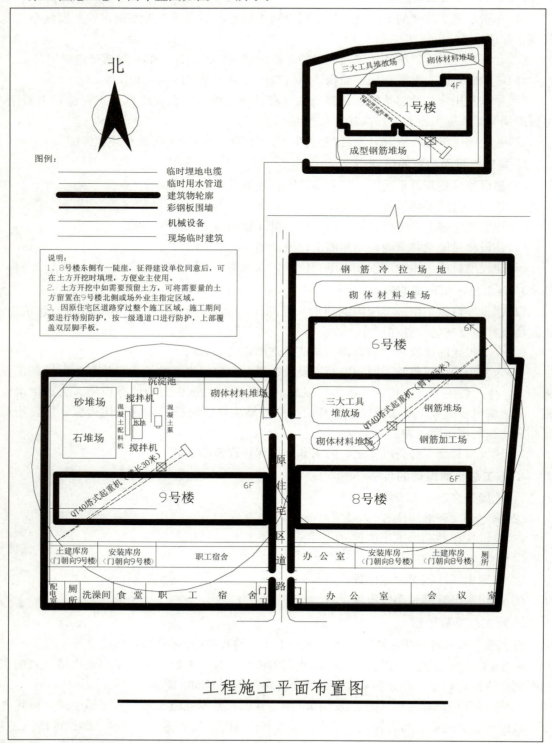

图 2-3 某工程施工总平面布置图

任务 2　　单位工程施工组织设计编制

单位工程施工组织设计是建筑施工企业组织和指导单位工程施工全工程各项活动的技术经济文件。它是基层施工单位编制季度、月度、旬施工作业计划，分部分项工程作业设计及劳动力、材料、预制构件、施工机具等供应计划的主要依据，也是建筑施工企业加强生产管理的一项重要任务。

单位工程施工组织设计一般由施工单位的工程项目主管工程师负责编制，并根据工程项目的大小，报公司总工程师审批或备案。

★2.2.1　单位工程施工组织设计的编制依据★

(1)主管部门的批示文件及有关要求：主要有上级机关对工程的有关指示和要求、建设单位对施工的要求、施工合同中的有关规定等。

(2)经过会审的施工图：包括单位工程的全套施工图纸、图纸会审纪要及有关标准图。

(3)施工企业年度施工计划：主要有工程开工、竣工日期的规定，以及与其他项目穿插施工的要求等。

(4)施工组织总设计：单位工程是整个建设项目中的一个项目，应把施工组织总设计作为编制依据。

(5)工程预算文件及有关定额：应有详细的分部分项工程量，必要时要有分层、分段、分部位的工程量，使用的预算定额和施工定额。

(6)建设单位对工程施工可能提供的条件：主要有供水、供电、供热的情况及借用作为临时办公、仓库、宿舍的施工用房等。

(7)施工条件：主要包括现场的开发程度(如"四通一平")情况，当地交通运输条件，资源生产及供应情况，施工现场大小及周围环境情况，施工单位施工能力、劳动组织形式、内部承包方式及施工管理水平等，现场临时设施、供水、供电问题等。

(8)施工现场的勘察资料：主要有工程、地形、地质、水文、气象、交通运输、现场障碍物等情况，以及工程地质勘察报告、地形图、测量控制网。

(9)有关的规范、规程和标准：主要有现行国家标准《建筑工程施工质量验收统一标准》(GB 50300—2013)等。

(10)有关的参考资料及施工组织设计实例等。

★2.2.2　单位工程施工组织设计的编制程序★

单位工程施工组织设计的编制程序，是指单位工程施工组织设计在编制各个组成部分中所形成的先后次序以及相互之间的制约关系，是施工组织设计编制的逻辑关系。经过实践总结，在编制过程中已经形成了较为成熟的编制程序，如图2-4所示。

按照一定的程序进行编制可以减少许多不必要的工作，避免重复劳动，减少错误，使编制效率大幅度提高。

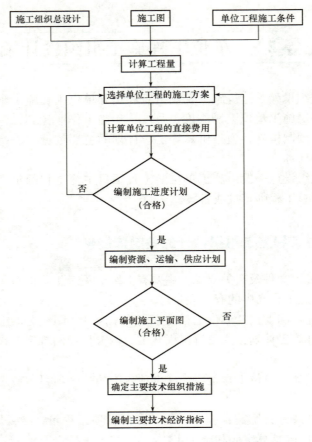

图 2-4　单位工程施工组织设计的编制程序

★2.2.3　单位工程施工组织设计的内容★

根据工程的性质、规模、结构特点、技术复杂难易程度和施工条件等，单位工程施工组织设计编制内容的深度和广度也不尽相同，但是一般来说应包括下述内容：工程概况和施工特点分析、施工方案、单位工程施工进度计划、单位工程施工平面布置、主要技术经济指标。

对于建筑结构比较简单、工程规模比较小、技术要求比较低，且采取传统施工方法组织施工的一般建筑工程，其单位工程施工组织设计可以编制得简单一些，其内容一般应包括施工方案、施工进度表、施工平面图，辅以扼要的文字说明，通常把这种形式简称为"一案、一表、一图"。

2.2.3.1　工程概况和施工特点分析

工程概况和施工特点分析包括工程建设概况，工程建设地点特征，建筑、结构设计概况，施工条件和工程施工特点分析5个方面。

(1) 工程建设概况：主要介绍拟建工程的建设单位、工程名称、性质、用途和建设目的，资金来源及工程造价，开工、竣工日期，设计单位，施工单位，监理单位，施工图纸情况，施工合同是否签订，上级有关文件或要求以及组织施工的指导思想等。

(2)工程建设地点特征：主要介绍拟建工程的地理位置、地形、地貌、地质、水文、气温、冬雨期时间、主导风向、风力和抗震设防烈度等。

(3)建筑、结构设计概况：主要根据施工图纸，结合调查资料，简练地概括工程全貌，综合分析，突出重点问题；对新材料、新结构、新技术、新工艺及施工的难点作重点说明。

建筑设计概况主要介绍拟建工程的建筑面积，平面形状和平面组合情况，层数、层高、总高、总长、总宽等尺寸及室外装修的情况。

结构设计概况主要介绍基础的形式、埋置深度，设备基础的形式，主体结构的类型，墙、柱、梁、板的材料及截面尺寸，预制构件的类型及安装位置，楼梯的构造及形式。

(4)施工条件：主要介绍"三通一平"的情况，当地的交通运输条件，资源生产及供应情况，施工现场大小及周围环境情况，预制构件生产及供应情况，施工单位机械、设备、劳动力的落实情况，内部承包方式、劳动组织形式及施工管理情况，现场临时设施、供水、供电问题的解决情况。

(5)工程施工特点分析：主要介绍拟建工程施工特点和施工中关键问题、难点所在，以便突出重点、抓住关键，使施工顺利进行，提高施工单位的经济效益和管理水平。

2.2.3.2 施工方案

施工方案的选择是单位工程施工组织设计中的重要环节，是解决整个工程全局的关键。在选择施工方案时，应着重研究以下几个方面的内容。

1. 施工顺序的确定

(1)确定施工顺序应遵循的基本原则如下：

①先地下，后地上：在地上工程开始之前，把管道、线路等地下设施，土方工程和基础全部完成或基本完成。

②先主体，后围护：框架结构建筑和装配式单层工业厂房施工中，先进行框架主体结构施工，后完成围护工程；同时，框架主体结构与围护工程在总的施工顺序上要合理搭接。一般来说，多层建筑以少搭接为宜，而高层建筑则应尽量搭接施工，这样可以缩短施工工期；而装配式单层工业厂房主体结构与围护工程一般不搭接。

③先结构，后装修：一般情况下，有时为了缩短工期，也可以有部分合理的搭接。

④先土建，后设备：一般来说，土建施工应先于水、暖、卫、电等建筑设备的施工。

以上原则并不是一成不变的，在特殊的情况下是可以有所更改的。如在冬期施工之前，尽可能完成土建和围护工程；在大板建筑施工中，大板承重结构部分和某些装饰部分在加工厂同步完成。

(2)确定施工顺序的基本要求如下：

①必须符合施工工艺的要求；

②必须与施工方法协调一致；

③必须考虑施工组织的要求；

④必须考虑施工质量的要求；

⑤必须考虑当地的气候条件；

⑥必须考虑安全施工的要求。

2. 施工方法和施工机械的选择

正确选择施工方法和施工机械是制订施工方案的关键。

(1)选择施工方法和施工机械的主要依据：在单位工程施工中，施工方法和施工机械的选择主要根据工程建筑结构特点、质量要求、工期长短、资源供应条件、现场施工条件、施工单位的技术装备和管理水平等因素综合考虑。

(2)选择施工方法和施工机械的基本要求如下：

①应考虑主要分部分项工程的要求；

②要符合施工组织总设计的要求；

③应满足施工技术的要求；

④应符合工厂化、机械化的要求；

⑤应符合先进、合理、可行、经济的要求；

⑥应满足工期、质量、成本和安全的要求。

3. 施工方案的技术经济评价

施工方案的技术经济评价是在众多的施工方案中选择出快、好、多、省、安全的施工方法。一般来说，有定性分析和定量分析两种。

(1)定性分析：施工方案的定性分析是人们根据实践和一般经验，对若干施工方案进行优、缺点比较，从中选择出比较合理的施工方案。

(2)定量分析：施工方案的定量分析是通过计算施工方案的若干相同的、主要的技术经济指标，进行综合分析比较，选择出各项指标比较好的施工方案，常见的有以下几个指标：

①工期指标：当要求工程尽快完成以便尽早投入生产或使用时，选择施工方案就要在确保工期质量、安全和成本较低的条件下，优先考虑缩短工期。在钢筋混凝土工程主体施工时，采用增加模板的套数来缩短主体工程的施工工期。

②机械化程度指标：在考虑施工方案时应尽量提高机械化程度，降低工人的劳动强度。

③主要材料消耗指标：反映若干施工方案的主要材料节约情况。

④降低成本指标：综合反映工程项目或分部分项工程由于采用不同的施工方案而产生的不同经济效果。该指标可以用降低成本额和降低成本率来表示，则

$$降低成本额＝预算成本－计划成本$$

$$降低成本率＝降低成本额÷预算成本$$

4. 主要的施工技术、质量、安全及降低成本措施

任何一个工程的施工，都必须严格执行现行国家标准《建筑工程施工质量验收统一标准》(GB 50300—2013)等建筑工程各专业工程施工规范和有关法规，并根据工程特点、施工中的难点和施工现场的实际情况，制订相应的技术组织措施，经常采用以下几项主要措施：

(1)技术措施；

(2)保证和提高工程质量措施；

(3)确保施工安全措施；

(4)降低工程成本措施；

(5)现场文明施工措施。

2.2.3.3 单位工程施工进度计划

单位工程施工进度计划是指导单位工程进行具体施工的技术性文件，其作用为：确定各分部分项工程施工时间及其相互之间的衔接、穿插、平行搭接、协作关系；确定所需的劳动力、机械、材料等资源的用量；指导现场的施工安排，确保施工任务如期完成。

根据性质及作用的不同，单位工程施工进度计划可以分为控制性施工进度计划及指导性施工进度计划两大类，其表达方式有横道图及网络图。编制中完成的主要工作有：计算各相关量值及各时间，以图、表来表示各工程的起止时间、延续时间及搭接关系。

1. 单位工程施工进度计划的编制依据

(1)施工图、工艺图及有关标准图等技术资料；
(2)施工组织总设计对工程的要求；
(3)施工工期要求；
(4)施工方案、施工定额及施工资源供应情况等。

2. 单位工程施工进度计划的编制步骤

单位工程施工进度计划的编制要遵循一定的步骤，以避免过多及重复性的工作，使编制过程更加快速、高效，其具体步骤如下：

(1)划分施工过程。划分施工过程是一个综合复杂的问题，属于流水施工工艺参数中非常重要的一个参数，它直接影响到单位工程施工进度计划的具体编排。划分施工过程要考虑多方面因素的影响：

①施工过程划分的粗细程度要求；
②对施工过程进行适当合并，达到简明、清晰的要求；
③施工过程划分的工艺要求；
④施工过程对施工进度的影响程度。

(2)计算工程量。计算工程量时应注意以下几点：

①计量单位。在进行一系列的施工工程量计算时，计算规则往往与以前的施工图预算工程量的计算不太一样，尤其是计量单位可能会发生变化，不要习惯于直接按预算的习惯做法计算，计算前应先确定所应用的定额、指标、工程量计算规则及计量单位，以免算完后发现不正确，再进行调整或增加额外的重复计算工作。

②采用的施工方法。在施工工程量的计算中，结合实际的施工方法，可能由于施工方面的原因增加一些施工过程或施工工作。这在预算中可能没有包括，施工工程量的计算内容往往比施工图预算多得多，故要结合施工方法的要求进行补充计算。

③正确取用预算文件中的工程量。如果预算中的某些计算结果或参数与实际施工中的量值是一样的或相差不大时，可以正确取用预算文件中的工程量或简单进行适当的调整来取用，没有必要重新计算，以减少计算的过程，提高效率。

(3)套用施工定额。正确套用施工定额并结合施工企业及当地的有关限制条件。一般每个地区都有适合当地使用的施工定额指标或标准，甚至企业内部也有自己的相关标准或参考指标等，在选用时要正确选择切实可行并适用于施工的定额、指标或标准，进行合理的套用计算。

(4)计算劳动量及施工机械台班量。

①计算劳动量。劳动量的计算公式为

$$P_i = Q_i / S_i = Q_i H_i \tag{2-1}$$

式中　P_i——某施工过程 i 的劳动量；
　　　Q_i——某施工过程 i 的工程量；
　　　S_i——某施工过程 i 的班组平均产量定额；
　　　H_i——某施工过程 i 的班组平均时间定额。

当某一施工过程中同一工种有不同做法时，不同材料的若干分项工程可以合并，应先

计算其综合产量定额,再求其劳动量:

$$S_{综合} = \sum Q_i / \sum P_i = (Q_1+Q_2+\cdots+Q_i)/(P_1+P_2+\cdots+P_i)$$
$$= (Q_1+Q_2+\cdots+Q_i)/(Q_1/S_1+Q_2/S_2+\cdots+Q_i/S_i) \tag{2-2}$$

【例 2-1】 某工程,其外墙面装饰分部工程有涂料、真石漆、面砖 3 种分项做法,取某面墙 3 种做法工程量分别为 850.5 m²、500.3 m²、320.3 m²;其采用产量定额分别为 7.56 m²/工日、4.35 m²/工日、4.05 m²/工日。计算它们的综合产量定额并计算 2 500 m² 外墙所用的劳动量总数。

【解】 综合产量定额为

$$\begin{aligned}
S_{综合} &= \sum Q_i / \sum P_i = (Q_1+Q_2+\cdots+Q_i)/(Q_1/S_1+Q_2/S_2+\cdots+Q_i/S_i) \\
&= (850.5+500.3+320.3) \div (850.5 \div 7.56 + 500.3 \div 4.35 + 320.3 \div 4.05) \\
&= 1\,671.1 \div (112.5+115+79.1) = 5.45 (\text{m}^2/\text{工日})
\end{aligned}$$

劳动量总数为

$$P = \sum Q / S_{综合} = 2\,500 \div 5.45 \approx 459(\text{工日})$$

② 计算机械台班量。机械台班量的计算公式为

$$P_{机械} = Q_{机械} / S_{机械} = Q_{机械} H_{机械} \tag{2-3}$$

式中 $P_{机械}$——某施工过程 i 的机械台班量;

$Q_{机械}$——某施工过程 i 的机械完成工程量;

$S_{机械}$——某施工过程 i 的机械平均台班产量定额;

$H_{机械}$——某施工过程 i 的机械平均时间定额。

(5) 计算施工过程的延续时间。

① 定额计算法,其计算公式为

$$t_i = P_i / (R_i b) \tag{2-4}$$

式中 P_i——某施工过程 i 的劳动量;

R_i——某施工过程 i 投入的班组人数;

b——某施工过程 i 的工作班次(一般取 1,最大不超过 3)。

② 经验估算法。对于采用新结构、新工艺、新方法和新材料等无法用定额衡量的施工过程,可以采取做试验或实际操作对比的经验估算法进行确定,主要考虑 3 种状况下的时间(a、b、c)进行估算。其计算公式为

$$t_i = (a+4c+b)/6 \tag{2-5}$$

③ 倒排计划法。对于某些在规定的日期内必须完成的工作过程,往往可以采用倒排计划法(工期计算法)进行估算,一般情况下可按下式估算:

$$t_i = T_i / M \tag{2-6}$$

式中 T_i——某分项过程要求的总施工时间;

M——某分项过程所划分的施工段数目。

对于等节奏流水施工方式,可以按下式进行计算:

$$t_i = T_i / (M+N-1) \tag{2-7}$$

式中 T_i——某分部工程要求的总施工时间;

M——某分部工程所划分的施工段数目;

N——某分部(分项)工程施工过程的数目。

(6)绘制施工网络图或横道图。按照项目1中网络图或横道图的编制及绘制方法进行方案的编制及绘制。

(7)计算网络图或横道图的各项时间参数。按照项目1中网络图或横道图各项时间参数的计算方法进行详细的计算。

(8)按照项目进度控制目标要求，调整和优化施工网络图或横道图。根据以上结果并结合工期要求，反复进行进度计划的各项调整。达到要求后，按照施工组织设计及网络设计规范要求，绘制出正式的进度计划网络图或横道图，如图2-5所示。

2.2.3.4 单位工程施工平面布置

1. 单位工程施工平面图设计内容

单位工程施工平面布置是施工组织设计的重要内容之一，其结果一般用单位工程施工平面图表示。应合理、科学地规划单位施工平面图并严格执行，加强监督及管理，以提高施工效率和效益，保证施工任务的顺利完成。设计时应适当考虑以下几项：

(1)工程性质、规模、现场条件和环境的不同以及所选择的施工方案、施工机械的品种与数量。

(2)对于规模较大与复杂的工程，可依据不同的阶段，分别绘制不同的单位工程施工平面图。单位工程施工平面图一般包括以下内容：

①单位工程施工区域范围内已建和拟建地上、地下建筑物及构筑物的平面尺寸、位置，相关的河流、湖泊等位置和尺寸，指北针，风向玫瑰图等。

②拟建工程所需要的起重机械、垂直运输机械、搅拌机械以及其他机械的布置位置，起重机械的开行路线及方向等。

③施工道路的布置、现场出入口位置等。

④各种预制构件堆放及预制场地所需面积、布置位置，大宗材料堆场的面积、位置，仓库面积和位置，装配式结构构件就位位置。

⑤生产性及非生产性临时设施的名称、面积、位置。

⑥临时供电、供水、供热等管线的布置，水源、电源、变压器等的位置，现场排水沟渠给水、排水方向的考虑等。

⑦土方工程的弃土及取土地点等有关说明。

⑧劳动保护、安全、防火与防洪设施布置以及其他需要布置的相关内容。

2. 单位工程施工平面图的设计依据及原则

(1)设计依据。

①自然条件调查资料：主要包括气象、地形、水文及工程地质资料等；

②技术经济条件调查资料：主要包括交通运输、水源、电源、物资、生产及生活基地状况资料等；

③拟建工程的图纸及相关资料：主要包括整套的施工图纸，各项施工定额，标准，各项规范、规程及指标等；

④一切已有及拟建地上、地下的管线、管道位置；

⑤建筑区域的竖向设计资料和土方平衡图；

⑥施工方案与进度计划；

⑦各种主要原材料、半成品、预制构件加工生产计划，需要量计划及施工进度要求等资料(以便设计材料堆场、仓库的面积和位置)；

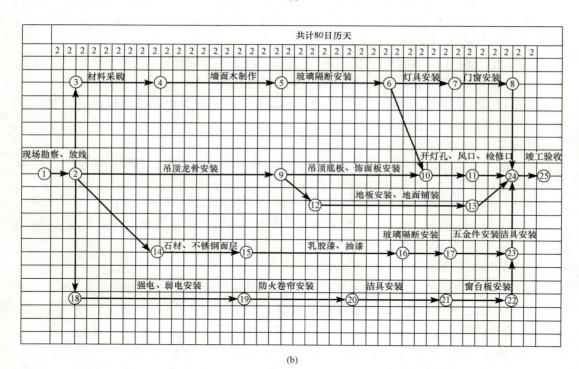

图 2-5 某办公楼单位工程施工进度横道图与网络图
(a)横道图；(b)网络图

⑧建设单位提供的已建房屋及其他生活设施的面积等有关情况(以便确定现场临时设施的搭设)；

⑨现场必须搭建的有关生产作业场所的规模要求(以便确定其面积及位置)；

⑩其他需要掌握的有关资料和特殊要求。

(2)设计原则。

①在确保施工安全以及施工条件顺利的情况下，要布置紧凑，少占或不占农田，尽量

减少施工占地面积;

②最大限度地缩短场内运距,尽量减少二次搬运;

③在保证施工条件顺利的情况下,尽量减少临时设施的搭设;

④各项布置内容应符合劳动保护、技术安全、防火及防洪的要求。

3. 单位工程施工平面图设计步骤

(1)确定起重机的位置:

①考虑楼面施工的使用;

②考虑材料及构件等的水平运输,包括地面及楼面上的水平运输。

(2)确定搅拌站,仓库,材料、构件堆场以及加工厂的位置:

①搅拌站,仓库,材料、构件堆场以及加工厂的位置应尽量靠近使用地点或起重机械起重能力范围内,并考虑运输及装卸的方便;

②根据起重机械的类型,确定搅拌站、仓库、堆场的布置方式(靠近起重机械、在起重机械服务半径范围内、在起重机械行走路线及起重臂长度范围内)。

4. 临时设施的布置

临时设施一般可分为生产性及非生产性两大类。在进行单位工程临时设施的布置时,应充分考虑方便、利于施工,尽量合并或利用以及采用活动式、装拆式结构等,符合防火安全等要求,结合地形条件、施工道路规划等因素,适当考虑围墙、围网或围笆等。

5. 水、电管网的布置

(1)工地临时供水。临时供水设施设计的主要内容有确定用水量、选择水源、设计配水管网。

①用水量的计算。

a. 现场施工用水量,可按下式计算:

$$q_1 = K_1 \sum Q_1 N_1 K_2 / (8 \times 3\,600) \tag{2-8}$$

式中 K_1——不可预见用水系数,取值范围为1.05~1.15;

Q_1——最大用水日完成的工程量;

N_1——用水定额;

K_2——用水不均衡系数,现场施工,取值为1.50;附属施工,取值为1.25;机械,取值为2.00;动力设备,取值为1.1。

b. 生活用水量,可按下式计算:

$$q_2 = Q_2 N_2 K_3 / (8 \times 3\,600) + Q_3 N_3 K_4 / (24 \times 3\,600) \tag{2-9}$$

式中 Q_2——现场高峰时工人数;

N_2——现场生活用水定额,取值范围为20~60 L/人;

K_3——现场用水不均衡系数,取值范围为1.30~1.50;

Q_3——居住区最高峰使用水的人数;

N_3——居住区昼夜用水定额,取值范围为100~120 L/(人·昼夜);

K_4——居住区用水不均衡系数,取值范围为2.0~2.5。

c. 消防用水量,可按表2-16取用。

表 2-16 消防用水量

序号	用水名称	火灾同时发生次数	单位	用水量
1	居民区消防用水 5 000 人以内 10 000 人以内 25 000 人以内	一次 二次 二次	L/s L/s L/s	10 10~15 15~20
2	施工现场消防用水 施工现场面积在 25 hm² 内 每增加 25 hm²	一次 一次	L/s L/s	10~15 5

总用水量的计算：

当 $q_1+q_2 \leqslant q_3$ 时：

$$Q=(q_1+q_2)/2+q_3 \tag{2-10}$$

当 $q_1+q_2 > q_3$ 时：

$$Q=q_1+q_2+q_3 \tag{2-11}$$

当 $q_1+q_2 < q_3$ 且工地面积小于 5 hm² 时：

$$Q=q_3 \tag{2-12}$$

适当考虑水管必不可少的漏水损失，应再增加 10%：

$$Q_{总}=1.1Q \tag{2-13}$$

②供水管管径的选择。计算公式为

$$D=\sqrt{\frac{4Q \times 1\,000}{\pi v}} \tag{2-14}$$

式中 D——供水管管径（直径，mm）；

Q——用水量（L/s）；

v——管网中水流速度，取值范围为 1.5~2.0 m/s。

(2)工地临时供电。建筑工地临时供电组织一般包括选择用电量、选择变压器、选择电源、选择配电导线和布置临时水电管网。

①选择用电量。建筑工地临时供电包括动力用电与照明用电两种。计算用电量时，应从下列几个方面考虑：

a. 全工地所使用的机械动力设备，其他电气工具及照明用电的数量；

b. 施工总进度计划中施工高峰阶段同时用电的机械设备最高数量；

c. 各种机械设备在工作中需要的情况。

总用电量可按下式计算：

$$S_{总}=S_{动}+S_{照}$$

$$S_{动}=1.1(K_1\sum P_i/\cos\varphi+K_2\sum S_i) \tag{2-15}$$

式中 K_1、K_2——需用系数，按表 2-17 取用；

P_i——各机械设备电动机额定功率；

S_i——电焊机额定容量（kV·A）；

$\cos\varphi$——平均功率因数，取值范围为 0.65~0.75。

表 2-17　需用系数(K 值)

用电名称	数量/台	需用系数 K	数值
电动机	3～10	K_1	0.7
	11～30		0.6
	30 以上		0.5
电焊机	3～10	K_2	0.6
	10 以上		0.5

一般 $S_{照}$ 取 $10\% S_{动}$，则

$$S_{总} = S_{动} + S_{照} = 1.1 S_{动} = 1.21(K_1 \sum P_i / \cos\varphi + K_2 \sum S_i) \tag{2-16}$$

②选择变压器。

$$S_{额} = P / \cos\varphi \tag{2-17}$$

式中　P——负载有用功率。

变压器的选择原则：$S_{变}$（变压器的额定容量）$\geqslant S_{总}$。

③选择电源。临时供电电源可以采用以下布置方案：

a. 完全由工地附近的电力系统供电，包括在全面开工前把永久性供电外线工程做好，设置变电所；

b. 工地附近的电力系统只能供给一部分，尚需自行扩大原有电源或增设临时供电系统以补充其不足；

c. 利用附近高压电力网，申请临时配电变压器；

d. 工地位于边远地区，没有电力系统时，电力完全由临时电站供给。

临时电站一般有内燃机发电站、火力发电站、列车发电站、水力发电站。

当工地由附近高压电力网输电时，在工地上设降压变电所，把电压从 110 kV 或 35 kV 降到 10 kV 或 6 kV，再由工地若干分变电所，把电能从 10 kV 或 6 kV 降到 380/220 V。变电所有效供电半径为 400～500 m。常用变压器的性能可查《施工手册》。

工地变电所的网络电压应尽量与永久企业的电压相同，主要为 380/220 V。对于 3 kV、6 kV、10 kV 的高压线路，可以采用架空裸线，其电杆间距为 40～60 m 或用地下电缆。在户外使用的 380/220 V 低压线路亦采用裸线，只有与建筑物或脚手架等不能保持必要安全距离的地方，才宜采用绝缘导线，其电杆间距为 25～40 m。分支线及引入线均应由电杆处接出，不得由两杆之间接出。配电线路应尽量设在道路一侧，不得妨碍交通和施工机械的装、拆及运转，并要避开堆料、挖槽、修建临时工棚用地。室内低压动力线路及照明线路，皆用绝缘导线。

④选择配电导线。导线截面应满足机械强度（应有足够的力学强度，保证不断线）、允许电流强度（正常使用下，导线温度不超值）、允许电压降（电压损失在规定的范围内）3 个方面的要求，故先分别按一种要求计算截面面积，再从三者中选出最大截面面积作为选定导线截面面积，根据截面面积选定导线。一般来说，在道路和给水、排水施工工地中，由于作业线比较长，导线截面可按允许电压损失选定；在建筑工地上因配电线路较短，可按允许电流选定；在小负荷的架空线路中，往往按机械强度选定。

a. 按允许电流选择截面面积，其计算公式为

$$I = \frac{1\,000 P'_{总}}{\sqrt{3} u \cos\varphi} \approx 2 P'_{总} \tag{2-18}$$

式中 $P'_{总}$——线路总用电量；

u——导线的电压值。

当 $s'_{总}$ 已知时：

$$P'_{总} = s'_{总} \times \cos\varphi \tag{2-19}$$

式中 $s'_{总}$——导线的电容量（kV·A）。

根据允许电流的大小，查表2-18确定导线截面面积。

表2-18 25 ℃时导线持续允许电流   A

序号	导线标称截面面积/mm²	裸线		橡皮或塑料绝缘线（单芯500 V）			
		TJ型	LJ型	BX型	BLX型	BV型	BLV型
1	6	—	—	58	45	55	42
2	10	—	—	85	65	75	59
3	16	130	105	110	85	105	80
4	25	180	135	145	110	138	105
5	35	220	170	180	138	170	130
6	50	270	215	230	175	215	165
7	70	340	265	285	220	265	205
8	95	415	325	345	265	325	250
9	120	485	375	400	310	375	285
10	150	570	440	470	360	430	325
11	185	645	500	540	420	490	380

b. 按允许电压损失选择截面面积，其计算公式为

$$S = \sum (P'_{总} L)/c[\varepsilon] = \sum M/c[\varepsilon] \tag{2-20}$$

式中 L——用电负荷至电源的配电线长度；

c——系数，铜线为77，铝线为46.3；

$[\varepsilon]$——允许电压损失，动力负荷为10%，照明为6%，混合线路为8%；

M——线路负荷矩。

也可以按所选截面验算允许电压损失：$\varepsilon = \sum M/cS \leqslant [\varepsilon]$。

按导线力学强度复核截面面积：

$S \geqslant S_{\min}$，查表2-19确定。

表2-19 按导线力学强度复核截面面积   mm²

电压	裸导线		绝缘导线	
	铜	铝	铜	铝
低压	6	16	4	10
高压	10	25	—	—

⑤布置临时水电管网。临时水电管网的布置可能有以下两种情况：

a. 当有可以利用的水源、电源时，可以将水电从外面接入工地，沿主要干道布置干管、主线，然后与各用户接通。临时总变电所应设置在高压电引入处，不应设在工地中心，以免高压电线经过工地内部导致危险；临时水池应设在地势较高处。

b. 当无法利用现有的水电时，为了解决电源，可在工地中心或靠近中心处设置临时发电站，由此把线路接出，沿干道布置主线；为了获得水源，可以利用地表水或地下水，并设置抽水设备和加压设备(简易水塔或加压泵)，以便储水和提高水压。然后，把水管接出，布置管网。常见的临时供水管网布置方式有环状布置、枝状布置及混合布置，敷设时地上一般用钢管，地下一般用铸铁管。

6. 劳动保护、安全、防火及防洪设施的布置以及其他相关需要内容的布置

根据工程防火规定，应设置消火栓、消防站。消防站应设置在易燃建筑物(木材、仓库等)附近，并有通畅的出口和消防车道，其宽度不宜小于 6 m，与拟建房屋的距离不得大于 25 m，也不得小于 5 m。沿道路布置消火栓时，其间距不得大于 10 m，消火栓到路边的距离不得大于 2 m；对于重要工程，应在工地四周设立围墙并在出入口设立门岗。

7. 正式施工总平面图的绘制

必须指出，以上各设计步骤并不是截然分割、各自孤立的，施工现场平面布置是一个系统工程，应全面考虑、统筹安排，正确处理各项内容的相互联系和相互制约的关系，精心设计，反复修改；当有几种方案时，还应进行方案的比较、择优，然后绘制正式施工总平面图。该图应使用标准图例进行绘制，并按照建筑制图规则的要求绘制完善并且要适当地标注清楚图例及比例尺、相关位置的必要尺寸等，一般单位工程施工平面图的比例为 (1∶500)～(1∶200)。

2.2.3.5 主要技术经济指标

为了考核施工组织总设计的编制及执行效果，应计算下列技术经济指标。

1. 施工周期

施工周期是指建设项目从正式工程开工到全部投产使用为止的持续时间。应计算的相关指标有以下几项：

(1) 施工准备期：从施工准备开始到主要项目开工截止的全部时间。

(2) 部分投产期：从主要项目开工到第一批项目投产使用的全部时间。

(3) 单位工程期：建筑群中，各单位工程从开工到竣工的全部时间。

2. 劳动生产率

应计算的劳动生产率相关指标有以下几项：

(1) 全员劳动生产率[元/(人·年)]。

(2) 单位竣工面积用工(工日/m^2)。

(3) 劳动力不均衡系数，计算公式为

劳动力不均衡系数＝施工期高峰人数÷施工期平均人数

3. 工程质量

应说明工程质量达到的等级，如合格、优良、省优、鲁班奖等。

4. 降低成本

(1) 降低成本额，计算公式为

$$降低成本额＝承包成本额－计划成本额$$

（2）降低成本率，计算公式为

$$降低成本率＝降低成本额÷承包成本额$$

5. 安全指标

安全指标以工伤事故频率控制数表示。

6. 机械指标

（1）机械化程度，计算公式为

$$机械化程度＝机械化施工完成工作量÷总工作量$$

（2）施工机械完好率。

（3）施工机械利用率。

7. 预制化施工程度

预制化施工程度的计算公式为

$$预制化施工程度＝在工厂及现场预制的工作量÷总工作量$$

8. 临时工程投资比例

临时工程投资比例的计算公式为

$$临时工程投资比例＝全部临时工程投资建安工程总值÷临时工程费用比例$$

临时工程费用比例的计算公式为

$$临时工程费用比例＝（临时工程投资－回收费＋租用费）÷建安工程总值$$

9. 节约三大材料百分比

节约三大材料百分比包括节约钢材百分比、节约木材百分比、节约水泥百分比。

项目小结

本项目主要介绍施工组织总设计及单位工程施工组织设计的编制，包括原始资料的搜集、施工部署（施工方法、施工措施）、进度计划编制、资源计划制订、施工平面布置等内容。

复习思考题

1. 什么是施工组织总设计？
2. 施工组织总设计与单位工程施工组织设计有何关系？
3. 施工组织总设计及单位工程施工组织设计的编制内容包括哪些？

实训练习题

根据下列资料和要求,编制一份单位工程施工组织设计。

一、实训练习目的

制订钢筋混凝土结构施工组织设计是重要的实践性教学环节。通过现浇多层钢筋混凝土框架结构施工组织设计,可以巩固和深化已学过的专业理论知识,培养学生对所学知识的综合运用能力和独立工作能力。

二、实训练习工程条件

1. 工程概况

本工程位于××市高新区二环西路与人民路交叉口东北角,为某单位办公楼工程,建筑面积为 5 000 m²,基础类型为现浇钢筋混凝土筏形基础,主体为5层全现浇钢筋混凝土框架结构,内、外墙采用陶粒混凝土砌块,配有铝合金门窗、镶砖地面、铝合金龙骨吊顶、面层装饰石膏板,内墙面抹灰刷内墙涂料,室外装修用白色瓷砖。屋面为水泥珍珠岩保温层,采用 SBS 柔性卷材防水。

2. 工期目标

要求 3 月 1 日开工,11 月 1 日竣工,总工期为 8 个月(每月按 25 d 计算)。基础工程为 50 d,主体结构为 75 d,屋面工程为 25 d,装修工程为 50 d。

3. 施工段及施工过程

(1)基础工程。根据施工现场允许的工作面考虑最小劳动组合的要求,划分两个施工段组织流水施工;施工内容划分为 6 个施工过程:土方开挖、基础垫层、基础钢筋、基础模板、基础混凝土、基础回填土。各施工过程的工程量、时间定额、劳动力安排见表 2-20。

表 2-20　相关数据

序号	分部分项工程名称	工程量 数量	工程量 单位	时间定额	工人人数
1	土方开挖	6 000	m³	0.002 台班	8(两台挖土机)
2	基础垫层	300	m³	0.5 工日/m³	25
3	基础钢筋	100	t	2 工日/t	20
4	基础模板	1 040	m²	0.5 工日/m²	37
5	基础混凝土	800	m²	0.8 工日/m²	40
6	基础回填土	1 500	m³	0.2 工日/m³	30

注:基础垫层及基础混凝土施工完成后,应适当留设混凝土养护技术间歇时间。

(2)主体结构。主体结构施工主要考虑在 3 个分项工程——柱绑扎钢筋、支模板、梁板支模、绑扎钢筋和梁、板、柱混凝土浇筑,以及砌填充墙等主体施工完毕开始进行。根据层间关系及施工现场情况,考虑划分 3 个施工段组织流水施工。计算每层主要分项工程工程量,套用施工定额计算劳动量。根据现场施工作业劳动面、监理要求的主体施工工期,确定施工人数。劳动量及劳动力安排见表 2-21。

表 2-21　劳动量及劳动力安排(1)

序号	分部分项工程名称	劳动量/工日	工人人数
1	柱绑扎钢筋、支模板	360	30
2	梁板支模、绑扎钢筋	600	50
3	梁、板、柱混凝土浇筑	480	40
4	砌填充墙	75	25

注：各层间混凝土浇筑完成后需养护，应留设适当的技术间歇时间。

(3)屋面工程。初步计算工程量和劳动量，分两段组织流水施工，分 4 个施工过程，即保温层施工、找平层施工、防水层施工和保护层施工。劳动量及劳动力安排见表 2-22。

表 2-22　劳动量及劳动力安排(2)

序号	分部分项工程名称	劳动量/工日	工人人数
1	保温层施工	200	25
2	找平层施工	240	30
3	防水层施工	160	20
4	保护层施工	120	15

注：找平层施工完成后，应适当留设技术间歇时间。

(4)装饰工程。装饰工程主要包括室内装修和室外装修，室内装修分为楼地面、门窗安装、室内抹灰、吊顶，每一结构层为一施工层，按施工层划分为 4 个施工段，室外工程有室外抹灰、镶砖、散水及其他，室外抹灰与室内装修平行进行。劳动量及劳动力安排见表 2-23。

表 2-23　劳动量及劳动力安排(3)

序号	分部分项工程名称	劳动量/工日	工人人数
1	楼地面	500	20
2	室内抹灰	700	20
3	门窗安装	150	10
4	吊顶	400	16
5	室外抹灰、镶砖	600	20
6	散水及其他	100	10
7	扫尾	20	10

三、实训练习任务与内容

(1)编制整套施工组织设计，包括：
①工程概况及施工特点分析；
②施工方案的选择；
③施工进度计划的安排；
④施工平面的部署；

⑤主要经济技术指标的计算。

(2)计算各施工过程的流水节拍,确定各施工过程之间的逻辑及搭接关系。

(3)绘制施工进度计划图、施工平面图。

四、成果要求

(1)编写本工程的完整施工组织设计方案一份。

(2)编写设计说明书一份,包括各时间参数的计算、施工进度计划的编制、设计平面布置图的相关计算及有关经济技术指标的计算及确定。

(3)施工进度计划图(A2)、施工平面图(A2)。

五、建议时间安排(2周,此实训可在课程结束后或在课程进行期间集中安排,见表2-24)

表 2-24 建议时间安排

序号	内 容	时间/d
1	下达设计任务及准备工作	0.5
2	熟悉资料,制订施工组织设计方案	5.0
3	编写计划书	2.5
4	绘制施工进度计划图及施工平面图	2.0

六、主要参考书

《建筑施工技术》、课本教材《建筑施工组织与管理》《建筑施工手册》等。

七、建议考核办法

成绩评定:采用四级记分制,单独记入成绩册,评分标准见表2-25。

表 2-25 成绩评定表

评定项目			得分
提交成果(50%)	完成工作量(20%)	90%～100%	18～20分
		70%～89%	14～17分
		60%～69%	14分以下
	正确性(20%)	正确	18～20分
		基本正确	14～17分
		有大错	14分以下
	规范、整洁程度(10%)	计算准确、字迹工整、图面整洁、表达规范	9～10分
		计算欠准确、字迹欠工整、表达欠规范	7～8分
		计算错误、字迹潦草、图面混乱	6分以下
平时成绩(50%)		完全独立完成出全勤	50分
		部分在同学帮助下完成且有两次不到者	35～45分
		抄袭别人且有两次以上不到者	30分以下
总评			
成绩考核标准		优:得分90分及以上 良:得分76分及以上 及格:得分60分及以上 不及格:得分60分以下	

拟建项目位置如图 2-6 所示。

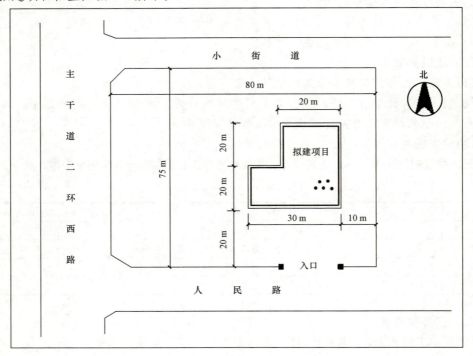

图 2-6　拟建项目位置

《施工组织设计实训》
岗前培训指导书
（施工组织设计编制）

一、编制步骤

施工组织设计编制步骤如图 1 所示。

二、基本结构

2.1　编制依据

2.2　工程概况

  1　工程建设概况

  2　工程建筑设计概况

  3　工程结构设计概况

  4　建筑设备安装概况

  5　自然条件

  6　工程特点和项目实施条件分析

2.3　施工部署

  1　建立项目管理组织

  2　项目管理目标

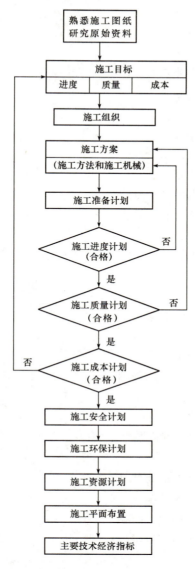

图1 施工组织设计编制步骤

  3 总承包管理
  4 各项资源供应方式
  5 施工流水段的划分及施工工艺流程
2.4 主要分部分项工程的施工方案
2.5 施工准备工作计划
  1 施工准备工作计划的具体内容
  2 施工准备工作计划的表达方式
2.6 施工平面布置
  1 施工平面布置的依据

  2 施工平面布置的原则
  3 施工平面布置的内容
  4 设计施工平面图的步骤
  5 施工平面图输出要求
  6 施工平面管理规划
2.7 施工资源计划
  1 劳动力需要量计划
  2 施工工具需要量计划
  3 原材料需要量计划
  4 成品、半成品需要量计划
  5 施工机具、生产设备需要量计划
  6 生产设备需要量计划
  7 测量装置需要量计划
  8 技术文件配备计划
2.8 施工进度计划
  1 施工进度计划的编制依据
  2 施工进度计划的编制步骤
  3 施工进度计划的编制内容
  4 制订施工进度控制实施细则
2.9 施工成本计划
  1 施工成本计划的内容
  2 施工成本计划的编制步骤
  3 施工成本控制措施
  4 降低施工成本技术措施计划
2.10 施工质量计划及保证措施
  1 施工质量计划的编制依据
  2 施工质量计划的编制内容
  3 质量保证措施
2.11 职业安全健康管理方案
  1 施工安全计划的内容
  2 制定安全技术措施
2.12 环境管理方案
  1 施工环保计划的内容
  2 施工环保计划的编制步骤
  3 施工环保管理目标
  3 环保组织机构
  4 环保事项的内容和措施
2.13 施工风险防范
2.14 项目信息管理规划

2.15 新技术应用计划
2.16 主要技术经济指标
2.17 施工方案编制计划

三、基本内容要求

3.1 编制依据

(1)施工组织总设计。建设项目施工组织总设计的编制单位、编制日期、审批情况和审批日期。

(2)单项(位)工程全部施工图纸及其标准图。

(3)单项(位)工程地质勘探报告、地形图和工程测量控制网。说明工程地质勘探报告、地形图和工程测量控制网的名称、报告编号、报告日期。

(4)建设项目施工组织总设计对本工程的工期、质量和成本控制的目标要求。

(5)承包单位年度施工计划对本工程开工、竣工的时间要求。

(6)合同文件包括以下内容：
①协议书(包括合同名称、编号、签订日期)；
②中标通知书；
③投标书及其附件；
④专用条款；
⑤通用条款；
⑥标准、规范及其有关技术文件；
⑦图纸；
⑧具有标价的工程量清单；
⑨工程报价单或施工图预算书。

(7)施工图纸及有关标准图。经有关部门审批有效施工图的编号、出图日期、批准部门、批准日期。设计图纸中引用的标准图编号、标准图名称。

(8)法律、法规、技术规范文件。工程所涉及的国家、行业、地方主要法律、法规、技术规范、规程和本局的企业技术标准及质量、环境、职业安全健康管理体系文件。

(9)其他有关文件。该工程有关的国家批准的基本建设计划文件、建设地区主管部门的批文、施工单位上级下达的施工任务书等。说明文件批号、日期。

(10)本节内容可采用表3.1表示。

表3.1 编制依据主要文件

序号	文件名称		编号	类别
	法律			
	规范标准			
	体系管理			

续表

序号	文件名称		编号	类别
	企业技术标准			
	技术文件			
	其他			

注：类别是指国标(文件)、行标(文件)、地方标准(文件)或本局标准(文件)。

3.2 工程概况

1. 工程建设概况

建设项目名称、工程类别、使用功能、建设目的和建设地点；占地面积和建设规模；工程的建设、勘察、设计、总承包和分包单位名称，以及建设单位委托的社会建设监理单位名称及其监理班子组织状况；质量要求和投资额，以及工期要求等。可采用表 3.2-1 的形式表达。

表 3.2-1　工程建设概况一览表

工程名称		工程地址	
工程类别		占地总面积	
建设单位		勘察单位	
设计单位		监理单位	
质量监督部门		质量要求	
总包单位		主要分包单位	
建设工期		合同工期	
总投资额		合同工期投资额	
工程主要功能或用途			

2. 工程建筑设计概况

工程平面组成、层数、层高、建筑面积，装饰装修主要做法，工程各部位防水做法，保温节能、绿化以及环境保护等概况，并应附以平面、立面和剖面图。可采用表 3.2-2 的形式表达。

表 3.2-2　工程建筑设计概况一览表

占地面积			首层建筑面积		总建筑面积			
层数	地上		层高	首层			地上面积	
	地下			标准层			地下面积	
				地下				
装饰装修	外檐							
	楼地面							
	墙面							
	顶棚							
	楼梯							
	电梯厅	地面：			墙面：			顶棚：
防水	地下	防水等级：			防水材料：			
	屋面	防水等级：			防水材料：			
	厕浴间							
	阳台							
	雨篷							
保温节能								
绿化								
环境保护								
其他需要说明的事项：								

3. 工程结构设计概况

工程地基基础结构设计概况，主体结构设计概况，抗震设防等级，混凝土、钢筋等材料要求等。可采用表 3.2-3 的形式表达。

表 3.2-3　工程结构设计概况一览表

地基基础	埋深		持力层		承载力标准值			
	桩基	类型：		桩长：		桩径：		间距：
	箱、筏	地板厚度：			顶板厚度：			
	条基							
	独立							
主体	结构形式				主要柱网间距			
	主要结构尺寸	梁：		板：		柱：		墙：
抗震设防等级					人防等级			
混凝土强度等级及抗渗要求	基础			墙体			其他	
	梁			板				
	柱			楼梯				
钢筋	类别：							
特殊结构(钢结构、网架、预应力)								
其他需说明的事项：								

4. 建筑设备安装概况

给水、排水设计概况，强电、弱电设计概况，通风、空调、采暖供热、消防系统以及电梯等设计概况。可采用表 3.2-4 的形式表达。

表 3.2-4　建筑设备安装概况一览表

给水	冷水		排水	污水	
	热水			雨水	
	消防			中水	
强电	高压		弱电	电视	
	低压			电话	
	接地			安全监控	
	防雷			楼宇自控	
				综合布线	
中央空调系统					
通风系统					
采暖供热系统					
消防系统	火灾报警系统				
	自动喷水灭火系统				
	消火栓系统				
	防、排烟系统				
	气体灭火系统				
电梯	人梯：　　台		货梯：　　台	消防梯：　　台	自动扶梯：　　台
其他需说明的事项：					

5. 自然条件

(1) 气象条件。当地气象条件和变化状况。冬季开始时间、一般平均温度、最低温度、极端最低温度和降雪量情况；夏季开始时间、一般平均温度、最高温度和极端最高温度情况；雨季时间、平均降水量和日最大降水量情况。当地主导风向和最大风力情况。

(2) 工程地质及水文条件。建筑物所处位置各层的土质情况，地下水水质、水位标高及水位流向等。

(3) 地形条件。建筑物所在位置的场地绝对标高、场地平整情况等。

(4) 周边道路及交通条件。施工现场周边道路状况、运输道路畅通状况等。

(5) 场区及周边地下管线。施工现场内及周边是否有地下水管，电缆，天然气、液化气等管道，并详细了解各类管道埋置位置、深度等情况。

6. 工程特点和项目实施条件分析

3.3　施工部署

1. 项目管理组织

项目管理人员工作职责和权限，与质量、环境、职业安全健康管理体系文件中管理人员职责和的权限一致。

2. 项目管理目标

参见相关标准,以表 3.3 的形式表达。

表 3.3 项目管理目标一览表

项目管理目标名称	目标值
项目施工成本	
工　　期	
质量目标	
安全目标	
环保施工、CI 目标	

3. 总承包管理

(1)任务划分。

(2)总承包管理的组织、策划、实施。

①总承包管理的方式、原则。

a. 工程总承包管理方式。包括目标管理、跟踪管理、授权管理、平衡管理等管理模式。

b. 工程总承包管理原则。在总承包管理中,一贯坚持"公正""科学""统一""控制""协调"等原则。

②对专业工程管理范围及服务承诺。对业主自行组织施工单位、业主指定分包单位、总包的专业分包单位的管理原则、管理措施、提供的服务等。

③与业主、监理的配合措施。总承包方的责任、总承包方与业主和监理的关系、总承包方与业主的配合措施、总承包方与监理的配合措施等。

④总承包各项管理规定和管理流程。总承包各项管理规定和管理流程,包括文件控制、记录控制、监视和测量装置的控制、技术管理工作、文明施工 CI 形象达标管理、机具设备管理、材料管理制度、现场水电管理、穿插和配合施工、保卫与消防、合同和预决算管理、竣工及验收、回访保修等。

4. 各项资源供应方式

内容参见相关标准。

5. 施工流水段的划分及施工工艺流程

(1)施工流水段的划分。根据工期目标、设计和资源状况,合理地进行流水段的划分,流水段应分基础阶段、主体阶段和装饰装修阶段 3 个阶段,并应分别附流水段划分的平面图。

(2)施工工艺流程。

①根据工程建筑、结构设计情况以及工期、施工季节等因素,确定施工工艺流程,并应有施工工艺流程图。

②施工工艺流程的确定应遵循"先地下后地上,先主体后装修,先土建后设备安装"的原则,科学合理地确定施工工艺流程。

3.4 主要分部分项工程的施工方案

(1)确定影响整个工程施工的分部分项工程,明确原则性施工要求。

①基坑开挖工程,应确定机械种类、开挖流向(并分段)、土方堆放地点、是否需要降水、降水设备种类、垂直运输方案等;

②钢筋工程,应确定钢筋加工形式、钢筋接头形式等;

③模板工程,应确定各种构件所采用模板的材料类型、配备数量、周转次数,钢筋、模板的水平、垂直运输方案等;

④脚手架工程,应确定采用何种架子系统、如何周转等;

⑤混凝土工程,应确定混凝土运输机械种类、混凝土浇筑顺序、混凝土浇筑机械,并确定机械数量和机械布置位置等;

⑥结构吊装工程,应确定吊装构件重量、起吊高度、起吊半径,选择吊装机械、机械设置位置和行走线路等,并绘出吊装图。

(2)对于常规做法和工人熟知的分项工程提出主要应注意的一些特殊问题。

(3)分部分项工程、特殊过程、关键过程,应另行编制具体的施工方案,并将其作为单位(项)工程施工组织设计的附件一同归档。

(4)施工方案编制内容应符合规范标准的有关要求。

3.5 施工准备工作计划

1. 施工准备工作计划的具体内容

(1)施工技术准备。

①编制施工进度控制实施细则。其包括:分解工程进度控制目标,编制施工作业计划;认真落实施工资源供应计划,严格控制工程进度计划目标;协调各施工部门之间的关系,做好组织协调工作;收集工程进度控制信息,做好工程进度跟踪监控工作;采取有效控制措施,保证工程进度控制目标。

②编制施工质量控制实施细则。其包括:分解施工质量控制目标,建立健全施工质量体系;认真确定分项工程质量控制点,落实其质量控制措施;跟踪监控施工质量,分析施工质量变化状况;采取有效质量控制措施,保证工程质量控制目标。

③编制施工成本控制实施细则。其包括:分解施工成本控制目标,确定分项工程施工成本控制标准;采取有效成本控制措施,跟踪监控施工成本;全面履行承包合同,减少业主的索赔机会;按时结算工程价款,加快工程资金周转;收集工程施工成本控制信息,保证施工成本控制目标。

④做好工程技术交底工作。其包括:单项(位)工程施工组织设计、施工方案和施工技术标准交底。

(2)劳动组织准备。

①建立工作队组。其包括:根据施工方案、施工进度和劳动力需要量计划要求,确定工作队组形式,并建立队组领导体系,在队组内部工人技术等级比例要合理,并满足劳动组合优化要求。

②做好劳动力培训工作。其包括:根据劳动力需要量计划,组织劳动力进场,组建好工作队组,并安排好工人进场后的生活,按工作队组编制组织上岗前培训。

(3)施工物资准备。其包括：施工工具准备，建筑原材料准备，成品、半成品准备，施工机械设备准备，大型临时设施准备。

(4)施工现场准备。其包括：清除现场障碍物，实现"四通一平"；进行现场控制网测量；建造各项施工设施；做好冬雨期施工准备；组织施工物资和施工机具进场。

2. 施工准备工作计划的表达方式

施工准备工作计划采用表3.5的形式表达。

表3.5 施工准备工作计划

序号	准备工作名称	准备工作内容	完成时间	负责人
1				
2				
3				

3.6 施工平面布置

1. 施工平面布置的依据

(1)施工总平面布置。

(2)建设地区原始资料。

(3)一切原有和拟建工程的位置及尺寸。

(4)全部施工设施建造方案。

(5)施工方案、施工进度和资源需要量计划。

(6)建设单位可提供的房屋和其他生活设施。

(7)项目所在地方政府的有关规定。

2. 施工平面布置的原则

(1)施工平面布置要紧凑合理，尽量减少施工用地。

(2)尽量利用原有建筑物或构筑物，减少施工设施建造费用。

(3)合理地组织运输，保证施工现场运输道路畅通，尽量减少场内运输费。

(4)尽量采用装配式施工设施，减少搬迁损失，提高施工设施安装速度。

(5)各项施工设施布置都要满足方便生产、有利于生活、安全防火、环境保护和劳动保护的要求。

3. 施工平面布置的内容

(1)设计施工平面图。建筑总平面图上的全部地上、地下建筑物、构筑物和管线的位置；地形等高线、测量放线标桩位置；各类起重机械停放场地和开行线路位置；生产性、生活性施工设施和安全防火设施位置。

(2)编制施工设施计划。生产性和生活性施工设施的种类、规模和数量，以及占地面积和建造费用。一般采用表3.6的形式表达。

表3.6 施工设施计划一览表

序号	设施名称	种类	数量(或面积)	规模(或可存储量)	建造费用
1					
2					

(3)临时用水布置图。综合考虑施工现场用水量、机械用水量、生活用水量、生活区生活用水量、消防用水量等,确定总用水量,选择水源,设计临时给水系统。

(4)临时用电布置图。建筑工地临时用电有动力用电与照明用电两种,在计算用电量时,从以下各点考虑:

①全工地所使用的机械动力设备、其他电气工具及照明用电的数量;

②施工总进度计划中施工高峰阶段同时用电的机械设备最高数量;

③各种机械设备在工作中的使用情况。确定总用电量,选择电源,设计临时用电系统。

(5)临时道路。根据生产和生活的要求,考虑CI规划,设计临时道路方案,明确道路的宽度、走向、厚度及材料等问题。

(6)排水系统。根据工程地势情况,结合当地的气候,综合考虑生产和生活要求,兼顾环境管理的规定,设计临时排水系统。

(7)CI规划。根据中建总公司新版《企业形象视觉识别规范手册——施工现场分册》,编制《现场CI策划方案》,其包括总则、CI战略工作目标、CI战略组织机构、CI战略策划方案、CI战略实施细则等内容。

4. 设计施工平面图的步骤

(1)确定起重机械的数量和位置。

(2)确定搅拌站、材料堆场、仓库和加工场的位置。

(3)确定运输道路的位置。

(4)进行行政管理和文化福利设施布置。

(5)确定水电管网的位置。

5. 施工平面图输出要求

施工平面图最终由"三图一表"体现,"三图"即基础阶段施工平面图、主体阶段施工平面图和装饰装修阶段施工平面图。

6. 施工平面管理规划

参见规范标准规定。

3.7 施工资源计划

1. 劳动力需要量计划

按进度计划中确定的各工程项目主要工种工程量,套用概(预)算定额或者有关资料,求出各工程项目主要工种的劳动力需要量。在施工总进度计划网络图中,应绘制相应的劳动力资源曲线。劳动力需要量计划采用表3.7-1的形式表达。

表 3.7-1 劳动力需要量计划

序号	专业工种		劳动量 /工日	劳动力需要量计划/工日												备注
	名称	级别		年 度						年 度						
				1	2	3	4	5	…	1	2	3	4	5	6	…	
1																
2																

2. 施工工具需要量计划

施工工具需要量计划主要指模板、脚手架用钢管、扣件、脚手板等辅助施工工具需要量计划,采用表 3.7-2 的形式表达。

表 3.7-2 施工工具需要量计划

序号	施工工具名称	需用量	进场日期	出场日期	备注
1					
2					

3. 主要材料需要量计划

主要材料需要量计划主要指工程用水泥、钢筋、砂、石子、砖、石灰、防水材料等主要材料需要量计划,采用表 3.7-3 的形式表达。

表 3.7-3 原材料需要量计划

序号	材料名称	规格	需要量		需要时间									备注
			单位	数量	×月			×月			×月			
					1	2	3	1	2	3	1	2	3	
1														
2														

4. 成品、半成品需要量计划

成品、半成品需要量计划主要指混凝土预制构件、钢结构、门窗构件等成品、半成品需要量计划,采用表 3.7-4 的形式表达。

表 3.7-4 成品、半成品需要量计划

序号	成品、半成品名称	规格	需要量		需要时间									备注
			单位	数量	×月			×月			×月			
					1	2	3	1	2	3	1	2	3	
1														
2														

5. 施工机具需要量计划

施工机具需要量计划主要指施工用大型机械设备、中小型施工机具等需要量计划,采用表 3.7-5 的形式表达。

表 3.7-5 施工机具需要量计划

序号	施工机具名称	型号	规格	电功率/(kV·A)	需要量	使用时间	备注
1							
2							

6. 生产设备需要量计划

生产设备需要量计划采用表 3.7-6 的形式表达。

表 3.7-6　生产设备需要量计划

序号	生产设备名称	型号	规格	电功率/kVA	需要量	进场时间	备注
1							
2							
3							

7. 测量装置需要量计划

测量装置需要量计划主要指本工程用于定位测量放线的计量设备、现场试验用计量装置、质量检测装置、安全检测装置、进场材料计量等装置需要量计划，采用表 3.7-7 的形式表达。

表 3.7-7　测量装置配备计划一览表

序号	测量装置名称	分类	数量	使用特征	确认间距	保管人
1						
2						
3						

8. 技术文件配备计划

技术文件配备计划主要指工程施工所需的国家、行业、地方和本局的有关规范、标准、文件及标准图集配备计划，采用表 3.7-8 的形式表达。

表 3.7-8　技术文件配备计划

序号	文件名称	文件编号	配备数量	持有人
1				
2				
3				

3.8　施工进度计划

1. 编制施工进度计划的依据

(1)项目管理目标责任书；

(2)施工总进度计划；

(3)施工方案；

(4)主要材料和设备的供应能力；

(5)施工人员的技术素质及劳动效率；

(6)施工现场条件、气候条件、环境条件；

(7)已建成的同类工程实际进度及经济指标。

2. 施工进度计划的编制步骤

(1)施工网络进度计划的编制步骤如下：

①熟悉、审查施工图纸，研究原始资料；

②确定施工起点流向，划分施工段和施工层；

③分解施工过程，确定施工顺序和工作名称；
④选择施工方法和施工机械，确定施工方案；
⑤计算工程量，确定劳动量或机械台班数量；
⑥计算各项工作持续时间；
⑦绘制施工网络图；
⑧计算网络图各项时间参数；
⑨按照项目进度控制目标要求，调整和优化施工网络图。

(2) 施工横道进度计划的编制步骤如下：
①熟悉、审查施工图纸，研究原始资料；
②确定施工起点流向，划分施工段和施工层；
③分解施工过程，确定施工项目名称和施工顺序；
④选择施工方法和施工机械，确定施工方案；
⑤计算工程量，确定劳动量或机械台班数量；
⑥计算工程项目持续时间，确定各项流水参数；
⑦绘制施工横道图；
⑧按项目进度控制目标要求，调整和优化施工横道图。

3. 施工进度计划的编制内容
(1) 编制说明；
(2) 进度计划图；
(3) 单位工程施工进度计划的风险分析及控制措施。

编制单位工程施工进度计划应采用工程网络计划技术。编制工程网络计划应符合国家现行标准《网络计划技术》(GB/T 13400.1～3—2012)及行业标准《工程网络计划技术规程》(JGJ/T 121—2015)的规定。

4. 制订施工进度控制实施细则
(1) 编制月、旬和周施工作业计划；项目经理部对进度控制的责职分工；制订进度控制的具体措施(包括组织措施、技术措施、经济措施及合同措施等)。
(2) 落实劳动力、原材料和施工机具供应计划。
(3) 协调同设计单位和分包单位的关系，以便取得其配合和支持。
(4) 协调同业主的关系，保证其供应材料、设备和图纸及时到位。
(5) 跟踪监控施工进度，保证施工进度控制目标的实现。

3.9 施工成本计划

1. 施工成本计划的内容

依据单位(项)工程施工预算，确定项目的计划目标成本，通过工料分析制订成本措施，确定正常施工成本计划及其责任分解。

2. 施工成本计划的编制步骤
(1) 收集和审查有关编制依据；
(2) 做好工程施工成本预测；
(3) 编制单项(位)工程施工成本计划；
(4) 制订施工成本控制实施细则。

3. 施工成本控制措施

确定施工项目成本控制程序和内容，健全工程施工成本控制组织，明确施工项目目标和控制责任制，设计降低施工项目成本的途径和措施，如优选材料、设备质量和价格，优化工期和成本，减少赶工费，跟踪监控计划成本与实际成本差额，分析产生原因，采取纠正措施；全面履行合同，减少业主索赔机会。

4. 降低施工成本技术措施计划

技术组织措施以表3.9-1的形式表示；降低成本计划以表3.9-2的形式表示。

表3.9-1 技术组织措施

措施项目	措施内容	涉及对象			降低成本来源		成本降低额				
		实物名称	单价	数量	预算收入	计划开支	合计	人工费	材料费	机械费	其他直接费

表3.9-2 降低成本计划

分项工程名称	成本降低额					
	总计	直接成本				间接成本
		人工费	材料费	机械费	其他直接费	

3.10 施工质量计划及保证措施

施工质量计划是指确定施工的质量目标和为达到这些质量目标规定必要的作业过程、专门的质量措施和资源等。

(1)质量概况。根据工程建筑结构特点、工程承包合同和工程设计要求，认真分析影响施工质量的各项因素，明确施工质量特点及其质量控制重点。

(2)质量目标。根据施工质量要求和特点分析，确定单项(位)工程施工质量控制目标，然后将该目标逐级分解为分部工程、分项工程和工序质量控制子目标，作为确定施工质量控制点的依据。

根据单项(位)工程，分部(项)工程施工质量目标要求，为影响施工质量的关键环节、部位和工序设置质量控制点。

(3)组织机构。

①组织机构和人员职责。

②职能分配。

③建立健全各项质量管理规章制度。根据工程施工质量目标要求，确定质量控制点，并制定有效措施。

(4)质量控制及管理组织协调的系统描述。

①业主提供的材料、机械设备等产品的质量控制措施；

②材料、机械、设备、劳务及试验等采购控制；

③产品标识和可追溯性控制措施。

(5)必要的质量控制手段，施工过程、服务、检验和试验程序等。

如现场质量管理制度，分包方资质与对分包方单位的管理制度，工程质量检验制度，搅拌站及计量设置，现场材料、设备存放与管理等。

建筑材料、预制加工品和工艺设备质量检查验收措施；分部工程、分项工程质量控制措施；施工质量控制点的跟踪监控办法。

(6)确定关键工序和特殊过程及作业指导书。对在项目质量计划中界定的特殊过程，应设置工序质量控制点；对特殊过程的控制，除应执行一般过程控制的规定外，还应编制专门的作业指导书。

(7)与施工阶段相适应的检验、试验、测量、验证要求。

(8)更改和完善质量计划的程序。

(9)质量保证措施。其包括：施工准备工作阶段的质量控制、施工阶段的质量控制、竣工验收阶段的质量控制和质量持续改进等。

3.11 职业安全健康管理方案

1. 安全概况

安全概况指与安全相关的建筑结构特征、建造地点以及施工特征等。针对工程性质和特征，对安全工作提出的要求。

2. 安全控制程序

项目安全控制应遵循的程序如下：

(1)确定施工安全目标；

(2)编制项目安全保证计划；

(3)实施项目安全保证计划；

(4)验证项目安全保证计划。

3. 安全控制目标

(1)项目经理部应根据施工中人的不安全行为、物的不安全状态、作业环境的不安全因素和管理缺陷进行相应的安全控制。

(2)各单项工程、分部工程安全控制目标。

4. 安全组织结构

安全组织结构形式、安全管理层次等。

5. 安全职责权限

根据安全生产责任制要求，把安全责任目标分解到岗，落实到人。

6. 安全规章制度

根据工程情况，编制施工现场安全生产、文明施工管理制度，如门卫制度、安全检查制度、食堂卫生管理制度、安全教育培训制度、宿舍卫生制度、厕所卫生制度、浴室卫生制度、设备设施验收制度、班前安全活动制度、安全值班制度、特种作业人员管理制度、安全生产责任制度、安全生产责任制考核制度、安全生产责任目标考核制度、事故报告制度、安全防护费用与准用证管理制度、安全技术交底制度等。

7. 安全资源配置

明确安全资源的名称、规格、数量及使用地点和部门，并列入安全资源需用量计划。

(1)管理人员配置。参见相关标准。

(2)特种作业人员配置计划。对于作业风险较大的工种和容易发生安全事故的项目,操作人员应事先进行培训并持证上岗,特种作业人员配置计划采用表 3.11-1 的形式表示。

表 3.11-1　特种作业人员配置计划

姓　名	工　种	操作证号	姓　名	工　种	操作证号

(3)检测工具配置计划。检测工具主要指用于安全及安全防范检测的工具,检测工具配置计划采用表 3.11-2 的形式表示。

表 3.11-2　检测工具配置计划

序号	设备名称	规格型号	数量	启用日期	备注

(4)安全措施费用计划。其采用表 3.11-3 的形式表示。

表 3.11-3　安全措施费用计划

名　称	数量	规格	单价/元	小计/元	备注
合　计					

8. 安全检查评价及奖惩制度

确定安全检查时间、安全检查人员组成、安全检查事项和方法、安全检查记录要求和结果评价;编写安全检查报告以及兑现安全施工优胜者的奖励制度等。

9. 安全技术措施

(1)危害辨识。

①危害辨识与风险评价。项目针对施工现场具体情况,组织实施危害辨识与风险评价并记录。

②重大危害因素清单。根据评价结果,编制重大危害因素清单。

③重大危害因素控制目标。根据项目安全管理目标和重大危害因素辨识,确定重大危害因素控制目标(表 3.11-4)。

表 3.11-4　重大危害因素控制目标分解

序号	工作内容	目标值	控制手段	主控责任人	监控责任人	领导责任人

④实现重大危害因素控制目标的时间和进度，以表 3.11-5 的形式表示。

表 3.11-5　实现重大危害因素控制目标的时间和进度

序号	危害因素	控制措施和进度安排	完成时间

(2) 控制措施。

①对结构复杂、施工难度大、专业性强的项目，除制订项目安全技术总体安全保证计划外，还必须制订单位工程或分部、分项工程的安全施工措施。

②对高空作业、井下作业、水上作业、水下作业、深基础开挖、爆破作业、脚手架作业、有害有毒作业、特种机械作业等专业性强的施工作业，以及涉及电气、压力容器、起重机、金属焊接、井下瓦斯检验、机动车和船舶驾驶等特殊工种的作业，应制订单项安全技术方案和措施，并应对管理人员和操作人员的安全作业资格和身体状况进行合格审查。

③安全技术措施包括：防火、防毒、防爆、防洪、防尘、防雷击、防触电、防坍塌、防物体打击、防机械伤害、防溜车、防高空坠落、防交通事故、防寒、防暑、防疫、防环境污染等方面的措施。

(3) 不符合控制及纠正与预防措施。

①不符合控制。项目应按照要求做好施工现场不符合的控制工作。

②纠正与预防措施。项目部应该建立安全生产分析会制度，分析施工现场的安全管理情况。对经常发生的一般不符合、较严重的不符合或潜在不符合情况，按照《纠正和预防措施程序》执行，形成相关记录。

(4) 绩效测量。

①目标测量：应定期对重大危害因素控制目标进行测量。

②主动测量：项目经理部应定期组织施工现场安全检查。

(5) 应急预案。项目组织对本项目潜在的事件和紧急情况进行识别，组织制订应急预案；应该按照应急预案的要求，组织定期演练；项目紧急情况处理结束后，应进行评价。

3.12 环境管理方案

1. 施工环保计划的内容

(1)施工环保目标;

(2)施工环保组织机构;

(3)施工环保事项的内容和措施。

2. 施工环保计划的编制步骤

(1)确定施工环保管理目标。确定单项工程、单位工程和分部工程施工环保目标。

(2)确定环保组织机构。确定施工环保组织机构形式、环保组织管理层次、环保职责和权限、环保管理人员组成及建立环保管理规章制度。

(3)明确施工环保事项的内容和措施。其包括现场泥浆、污水和排水,现场爆破危害防止,现场打桩震害防止,现场防尘和防噪声,现场地下旧有管线或文物保护,现场溶化沥青及其防护,现场及周边交通环境保护,以及现场卫生防疫和绿化工作。

3. 施工环保管理目标

项目组织对现场环境因素进行调查,评价本项目重大环境因素,制订项目环境管理目标、实现目标的方法和时间,采用表 3.12-1、表 3.12-2 的形式表示,落实重大环境因素的控制措施。

表 3.12-1 环境管理目标

序号	环境因素	环境目标	环境指标	完成期限	责任实施部门	协助管理部门	实施监控部门

编制人: 审批人:

表 3.12-2 实现环境管理目标的方法和时间

序号	环境目标和指标	实现方法	责任人	实施时间

4. 环保组织机构

(1)环保组织机构和人员职责见相关标准规定。

(2)进行职能分配。

(3)建立健全环保管理制度。

为保证环境管理目标的顺利实现,应制订各项环境管理制度,如施工现场卫生管理制度、现场化学危险品管理制度、现场有毒有害废弃物管理制度、现场消防管理制度、现场用水、用电管理制度等。

5. 施工环保事项的内容和措施

如现场泥浆排放控制措施,现场生产、生活污水排放控制措施,现场爆破危害防止措施,现场打桩震害防止措施,现场防尘措施,现场防噪声措施,现场地下旧有管线保护措施,现场文物保护措施,现场溶化沥青防护措施,现场周边交通环境保护措施,现场卫生防疫措施,现场绿化、亮化措施等。

(1)应急准备和响应。

①根据工程的特点,确定项目应急准备和响应的重点物资或场所。

②项目经理部应成立紧急事故响应的组织机构,编制应急准备和响应的方案,组织进行必要演练,定期检查应急准备工作情况,并做好记录。

③发生紧急情况时,立即按"紧急事故处理流程"采取应急措施,防止扩散。

(2)环境管理监督检查及监测。对监测的对象进行定期环境监测,做好监督监测记录。

(3)不符合控制及纠正与预防措施。

①施工现场不符合的控制。环境监测、监控和监督过程中发现不符合时,按照《环境不符合控制程序》执行。阐述项目的具体措施,例如对发现的不符合项所采取的措施。

②纠正与预防措施。项目部对经常发生的一般不符合、较严重的不符合或潜在不符合情况,按照《纠正和预防措施程序》执行,形成相关记录。

③相关方投诉和抱怨的处理。项目部应建立环境投诉台账,处理好相关方的投诉和抱怨后,对处理情况进行记录和验证。发生重大投诉时,应组织制订和实施纠正措施,防止投诉重复发生。纠正措施的制订和实施按《纠正和预防措施程序》执行。

(4)信息交流。

①内部信息交流的内容和方式:应建立内部信息交流机制,保证环境管理信息的及时沟通与协调。

②外部信息交流的内容和方式:应建立外部信息交流机制,保证环境管理信息的及时沟通与协调。

3.13 施工风险防范

内容要求参见相关标准及实例资料。

3.14 项目信息管理规划

内容要求参见相关标准及实例资料。

3.15 新技术应用计划

在项目施工过程中应积极推广应用建设部推广的十项新技术,并有所创新,采用表3.15的形式表达。

表3.15 新技术应用计划

序号	新技术名称	应用部位	应用时间	责任人

3.16 主要技术经济指标

内容要求参见相关标准及实例资料。

3.17 施工方案编制计划

(1)单位(项)工程在编制施工组织设计后,还应对分部(分项)工程,特殊分部(分项)工程,特殊施工时期(冬季、雨季和高温季节)以及结构复杂、施工难度大、专业性强的项目等编制施工方案,制订施工方案编制计划。

(2)安全和施工现场临时用电应按职能管理部门的规定单独编制方案,应编制专项施工方案的工程如下:

①基坑支护与降水工程;
②土方开挖工程;
③模板工程;
④起重吊装工程;
⑤脚手架工程;
⑥拆除、爆破工程;
⑦国务院住房城乡建设主管部门或者其他有关部门规定的其他危险性较大的工程。

(2)对于施工方案编制内容执行相关标准的规定。

(3)施工方案编制计划采用表3.17的形式表达。

表3.17 施工方案编制计划

序号	分部、分项及特殊过程名称	编制单位	负责人	完成时间

项目 3　施工组织设计编制实例

学习要求

学习概述	学习目标	学习重点	教学建议
本项目以砖混结构、混凝土结构、钢结构实际工程施工组织设计为案例，根据《建筑施工组织设计规范》(GB/T 50502—2009)的要求，对 3 类典型结构工程施工的特点，施工部署的编制，施工方法的确定，施工进度计划的编制，施工平面布置图的编写，质量、安全、进度保证措施和其他技术保证措施的编制等内容进行了阐述。	通过对本项目的学习，掌握砖混结构、混凝土结构、钢结构工程的施工特点，巩固施工进度管理的知识，掌握编制一般结构的施工组织设计的方法和技能。	原始资料的收集，施工段的划分，施工平面布置的内容和方法，砖混结构、混凝土结构、钢结构工程施工组织设计的编制特点。	教学可以采用课堂讲授、现场参观实习、施工组织设计实训等方式。实训时，可以将一个施工组织设计的不同部分交由不同的小组来完成，各小组之间应相互沟通、相互联系，避免各自为政。

任务 1　砖混结构施工组织实务

【工程背景】　某大学学生公寓属民用建筑，工程的结构类型为砖混结构，工程地址位于大学院内，建筑面积为 9 000 m²。工程计划开工日期为 2017 年 12 月 18 日；计划竣工日期为 2018 年 7 月 17 日；工程质量等级为市级优良；工程总造价为 900 万元。

工程总长：5 号楼 36.78 m，6 号楼 43.98 m。工程总宽：5 号楼 16.98 m，6 号楼 16.98 m。工程为地下一层，地上六层，层高情况：地下室 3.0 m，一层、顶层 3.6 m，标准层 3.3 m；工程一层平面图如图 3-1 所示；工程一层三维图如图 3-2 所示。

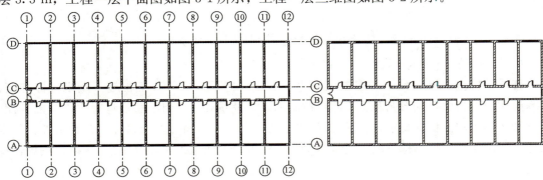

图 3-1　工程一层平面图

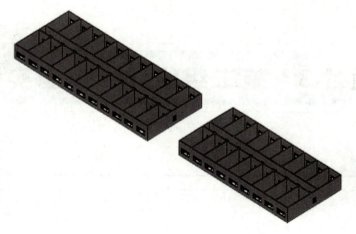

图 3-2 工程一层三维图

★3.1.1 砖混结构施工特点及施工组织设计的内容、编制依据和编制程序★

3.1.1.1 砖混结构施工特点

砖混结构的施工一般包括土方开挖、基础施工、土方回填、砖墙砌筑、构造柱施工、圈梁及楼盖施工等。砖混结构施工的人工劳动量大，材料运输频繁，但工序相对简单。

施工组织中应注意劳动力的合理安排，尽量采用施工机械，降低工人劳动强度。施工平面布置应注意合理安排水平运输道路、垂直运输机械、砂浆搅拌站的位置。

砖混结构的施工重点是地基基础和主体结构，特别是砌体、圈梁、构造柱、拉结筋的做法等内容。

3.1.1.2 砖混结构施工组织设计内容

砖混结构施工组织设计的内容包括编制依据，工程概况（主要说明工程建设概况、工程建筑设计概况，工程结构设计概况、建筑设备安装概况、自然条件、工程特点和项目实施条件分析），施工部署（主要包括项目管理组织、项目管理目标、总承包管理、各项资源供应方式、施工流水段的划分及施工工艺流程），主要分部分项工程的施工方案，施工准备工作计划，施工平面布置，施工资源计划，施工进度计划以及确保施工质量、安全、进度的措施和环保措施等内容。

3.1.1.3 砖混结构施工组织设计的编制依据和编制程序

1. 砖混结构施工组织设计的编制依据

砖混结构施工组织设计的编制依据主要有施工组织总设计，工程施工图纸，标准图，工程地质勘探报告，地形图和工程测量控制网，建设项目施工组织总设计对本工程的工期、质量和成本控制的目标要求，合同文件（包括协议书、中标通知书、投标书及其附件、专用条款、通用条款、具有标价的工程量清单、工程报价单或施工图预算书），法律、法规，技术规范文件。

施工组织设计的编制依据可采用表 3-1 的形式表达。

表 3-1 施工组织设计的编制依据

序号	文件名称	编号	类别
	法律		
	规范标准		
	管理体系		
	企业技术标准		
	技术文件		
	其他		

2. 砖混结构施工组织设计的编制程序

砖混结构组织设计编制程序如图 3-3 所示。

★3.1.2 砖混结构施工方案、施工方法的选择及进度计划的编制★

3.1.2.1 砖混结构施工方案、施工方法的选择

砖混结构施工组织设计的施工方案和施工方法主要涉及工程施工目标的确定、施工区的划分与施工程序的确定、施工组织管理模式与劳动力安排、工程施工质量计划、施工方案及施工方法的确定、施工现场平面布置、场区清理及工程材料进场计划。

1. 工程施工目标的确定

本工程施工管理的进度目标是确保工程在 2018 年 7 月 17 日竣工交付使用。工程的质量目标是市级优良工程。工程的安全管理目标是重伤以上事故为零,轻伤负伤率小于 1‰。

2. 施工区的划分与施工程序的确定

施工阶段 5 号楼和 6 号楼各为一个施工段,各组织一支专业施工队施工。时间上,按照基础施工阶段、主体施工阶段和装饰施工阶段进行安排。

施工平面的起点与流向:屋面防水层应按先高后低的方向施工,同一屋面则由檐口到屋脊方向施工;室外装饰工程采用自上而下的流水施工方案;室内装饰工程采用自下而上的流水施工方案,即主体结构的砖墙砌到二~三层以上时,装饰工程从一层开始,逐层向上进行。

正常施工应遵循下列程序:先地下、后地上;先主体、后围护;先结构、后装饰;先土建、后设备。

冬期施工应遵循下列程序:先装饰、后主体;先断水、后装修;先室外、后室内;先阴面、后阳面;先湿作业、后干作业。

施工顺序应符合以下施工工艺的要求:

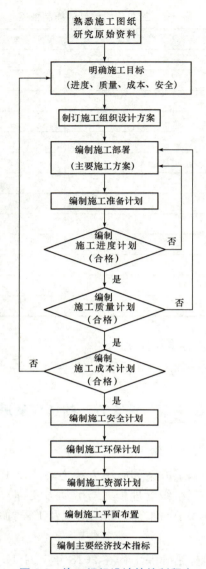

图 3-3　施工组织设计的编制程序

(1)砌体工程：洇砖→搅拌砂浆→组砌→排砖摆底→盘角→挂线→砌砖→留槎等。

(2)基础工程：土方施工(含地基处理)→垫层施工→地下防水施工→底板模板支设→底板钢筋安装→底板混凝土浇筑→墙体钢筋安装→墙体模板支设→墙体混凝土浇筑。

(3)混凝土竖向结构工程：清理→绑扎钢筋→支设模板→浇筑混凝土。

(4)混凝土水平结构工程：支设模板→绑扎钢筋→清理→浇筑混凝土。

(5)装饰工程湿作业：弹＋50线→立门窗框→室内、外抹灰→弹＋50线→楼地面湿作业→室内干作业→刷油漆、涂料。

3. 施工组织管理模式与劳动力安排

(1)施工组织管理模式：本工程采用项目法施工，成立项目经理部，选派有施工经验、责任心强的各类技术管理人员负责现场的工作，任命一名具有国家一级项目经理资格的工程师任项目经理，任命施工经验丰富的工程师担任主管工程师。在整个工程施工中，做到统一计划协调、统一现场管理、统一组织指挥、统一物资供应、统一对外联络等。

施工组织管理机构如图 3-4 所示。

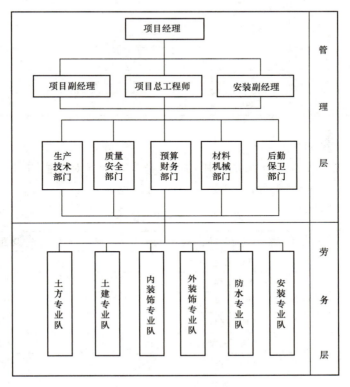

图 3-4 施工组织管理机构

（2）项目人员配备情况：项目经理、项目副经理、项目总工程师、土建工长、质检员、安装工长、安全员、材料员、预算员、项目主管会计各 1 人。

（3）劳动力安排：在主体阶段施工时，5 号楼和 6 号楼每个工程投入 255 人的土建专业队、1 个 25 人的安装专业队施工。施工进入装饰阶段后，5 号楼和 6 号楼每个工程投入 260 人的装饰专业队、30 人的安装专业队，工程的劳动力计划见表 3-2。

表 3-2 劳动力计划　　　　　　　　　　　　　　　　　　　　　　　人

工种	按工程施工阶段投入劳力情况					
	土方工程	基础工程	一、二层主体	二层以上主体	装饰工程	竣工清理
木工	20	40	50	50	50	20
混凝土工	20	35	35	40	—	—
钢筋工	25	50	45	45	—	—
瓦工	40	55	75	70	60	20
机电工	5	9	9	9	9	8
抹灰工	—	—	—	—	75	30

续表

工种	按工程施工阶段投入劳力情况					
	土方工程	基础工程	一、二层主体	二层以上主体	装饰工程	竣工清理
油漆工	—	—	—	—	35	35
起重工	4	6	6	6	6	4
安装工	6	15	25	25	30	10
其他工种	30	20	30	35	15	23
合计	150	230	275	280	290	150

4. 工程施工质量计划

该工程为学生宿舍，具有重要的使用功能及意义，因此对工程质量要求高，施工中应将质量放在首位，争创全优工程，分部工程创优计划见表 3-3。

表 3-3　分部工程创优计划

序号	分部工程名称	质量目标
1	基础工程	优良
2	主体工程	优良
3	装饰工程	优良
4	门窗工程	合格
5	楼地面工程	优良
6	屋面工程	优良
7	采暖卫生与煤气工程	优良
8	电气工程	优良

5. 施工方案及施工方法的确定

本工程工期紧，主体阶段材料的水平和垂直运输是制约工期的关键因素，为满足主体施工阶段钢筋、砖等的垂直运输，每个工程配备一台 TQ25 塔式起重机。

砂浆采用现场搅拌，现场每个工程配备一台 JS-200 滚筒式搅拌机搅拌砂浆，混凝土采用商品混凝土。

施工现场的钢筋、模板、周转工具分工程集中管理，统一调配使用；现场钢筋加工场，按每个工程配备钢筋成型机、弯曲机各两台；木工棚配备平刨、圆锯各一台。主要施工机械的配备型号、数目见表 3-4、表 3-5。

表 3-4　5 号楼主要施工机械

序号	机械或设备名称	型号规格	数量	国别产地	制造年月	额定功率	进场时间	备注
1	塔式起重机	TQ25	1 台	中国	1999.6	18.9 kW	2017.12	$L=25$ m
2	混凝土输送泵	HBT60	1 台	中国	1996.5	55 kW	2017.12	—
3	搅拌机	JS-200	1 台	中国	1997.6	18 kW	2017.12	—
4	电焊机	BS1-330	3 台	中国	1997.6	30 kV·A	2017.12	—

续表

序号	机械或设备名称	型号规格	数量	国别产地	制造年月	额定功率	进场时间	备注
5	钢筋切断机	CQ40-A	2台	中国	1997.6	6 kW	2017.12	—
6	钢筋弯曲机	GW40-A	2台	中国	1997.6	6 kW	2017.12	—
7	圆锯	MT-235	1台	中国	1997.6	4 kW	2017.12	—
8	平刨	MB-504	1台	中国	1995.7	4 kW	2017.12	—
9	蛙式打夯机	HW01	4台	中国	1996.5	2.8 kW	2017.12	—
10	振动器	插入式	4台	中国	1998.3	1.1 kW	2017.12	—
11	水泵	扬程100 m	1台	中国	1999.3	5.5 kW	2017.12	—
12	施工电梯	SED200/200	1台	中国	1998.11	11 kW	2018.4	—
13	挖掘机	WY-100	1台	中国	1996.5	16 kW	2017.12	—

表 3-5　6 号楼主要施工机械

序号	机械或设备名称	型号规格	数量	国别产地	制造年月	额定功率	进场时间	备注
1	塔式起重机	TQ25	1台	中国	1999.6	18.9 kW	2017.12	$L=25$ m
2	混凝土输送泵	HBT60	1台	中国	1996.5	55 kW	2017.12	—
3	滚筒式搅拌机	JS-200	1台	中国	1997.6	18 kW	2017.12	—
4	电焊机	BS1-330	3台	中国	1997.6	30 kV·A	2017.12	—
5	钢筋切断机	CQ40-A	2台	中国	1997.6	6 kW	2017.12	—
6	钢筋弯曲机	GW40-A	2台	中国	1997.6	6 kW	2017.12	—
7	圆锯	MT-235	1台	中国	1997.6	4 kW	2017.12	—
8	平刨	MB-504	1台	中国	1995.7	4 kW	2017.12	—
9	蛙式打夯机	HW01	4台	中国	1996.5	2.8 kW	2017.12	—
10	振动器	插入式	4台	中国	1998.3	1.1 kW	2017.12	—
11	水泵	扬程100 m	1台	中国	1999.3	5.5 kW	2017.12	—
12	施工电梯	SED200/200	1台	中国	1998.11	11 kW	2018.4	—
13	挖掘机	WY-100	1台	中国	1996.5	16 kW	2017.12	—

6. 施工现场平面布置

临时建筑和临时用地计划见表 3-6、表 3-7；施工现场平面布置如图 3-5 所示。

表 3-6　5 号楼临时建筑和临时用地计划

序号	用途	面积/m²	位置	需用时间
1	土建办公室	40	现场南侧	2017 年 12 月—2018 年 8 月
2	安装办公室	20	现场南侧	2017 年 12 月—2018 年 8 月
3	甲方办公室	20	现场南侧	2017 年 12 月—2018 年 8 月
4	职工宿舍	600	现场外设置	2017 年 12 月—2018 年 8 月

续表

序号	用途	面积/m²	位置	需用时间
5	食堂	100	现场外设置	2017年12月—2018年8月
6	浴室	50	现场外设置	2017年12月—2018年8月
7	厕所	10	现场南侧	2017年12月—2018年8月
8	试验室	8	现场南侧	2017年12月—2018年8月
9	材料仓库	60	现场南侧	2017年12月—2018年8月
10	砂子场	50	现场北侧	2017年12月—2018年8月
11	木工棚	30	现场北侧	2017年12月—2018年8月
12	钢筋棚	60	现场北侧	2017年12月—2018年8月
13	安装加工棚	30	现场南侧	2017年12月—2018年8月
14	钢筋堆场	100	现场北侧	2017年12月—2018年8月
15	装饰材料堆场	100	现场北侧	2018年4月—2018年8月
16	水泥库	50	现场北侧	2017年12月—2018年8月
17	门卫	8	现场北侧	2017年12月—2018年8月

表3-7 6号楼临时建筑和临时用地计划

序号	用途	面积/m²	位置	需用时间
1	土建办公室	40	现场南侧	2017年12月—2018年8月
2	安装办公室	20	现场南侧	2017年12月—2018年8月
3	甲方办公室	20	现场南侧	2017年12月—2018年8月
4	职工宿舍	600	现场外设置	2017年12月—2018年8月
5	食堂	100	现场外设置	2017年12月—2018年8月
6	浴室	50	现场外设置	2017年12月—2018年8月
7	厕所	10	现场南侧	2017年12月—2018年8月
8	试验室	8	现场南侧	2017年12月—2018年8月
9	材料仓库	60	现场南侧	2017年12月—2018年8月
10	砂子场	50	现场北侧	2017年12月—2018年8月
11	木工棚	30	现场北侧	2017年12月—2018年8月
12	钢筋棚	60	现场北侧	2017年12月—2018年8月
13	安装加工棚	30	现场南侧	2017年12月—2018年8月
14	钢筋堆场	100	现场北侧	2017年12月—2018年8月
15	装饰材料堆场	100	现场北侧	2018年4月—2018年8月
16	水泥库	50	现场北侧	2017年12月—2018年8月
17	门卫	8	现场北侧	2017年12月—2018年8月

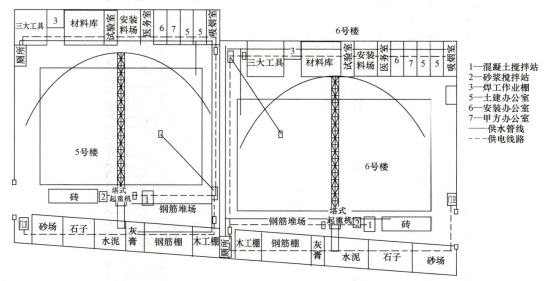

图 3-5 施工现场平面布置

7. 场区清理及工程材料进场计划

(1)场区清理。工程场地内的树木、花草、废物、障碍物及各项建筑物、地坪、基础、管道、线路等，除另有规定或经监理工程师指定应予保留者外，均应依监理工程师的指示挖除或远移。所需保留的花草、树木及其他物品，依照监理工程师的指示妥加保护或处理，避免其受到损害。

在施工范围内，地面下有淤泥等软弱土壤不适于作地基者，依监理工程师的指示挖除并运出场区外后，依据工程施工规范规定，以适当材料将挖除后的坑洞填压实。

挖除的有机物或其他易腐坏物，经监理工程师许可，烧毁或掩埋于经指示的地点；砖、石、混凝土碎块等坚硬材料，经监理工程师同意，击碎至全部通过 10 mm 筛后作为填方之用；未经监理工程师同意使用或未经处理的残废物，均运出现场以外。

属于电力、电信、自来水等系统的地上或地下管道线路(地下管道的准确线路图应在施工前提供)，未经各有关部门同意，不得私自远移或拆除。

(2)工程材料进场计划。所有材料均在每道工序施工前 15 d 提出分批量进场计划，以便有充足的时间进行材料的采购、储备。材料应提前一周进场，按照公司《物资控制程序》的规定，经检验、试验或鉴定合格后方可使用。

3.1.2.2 砖混结构施工进度计划的编制

根据工期要求，计划于 2017 年 12 月 18 日开工，于 2018 年 7 月 17 日竣工，总工期为 212 d，其中地基与基础、主体施工为冬期施工，装饰阶段为雨期施工，工期相对紧张。为保证工期目标的实现，设置如下主要控制点进行控制(图 3-6)：

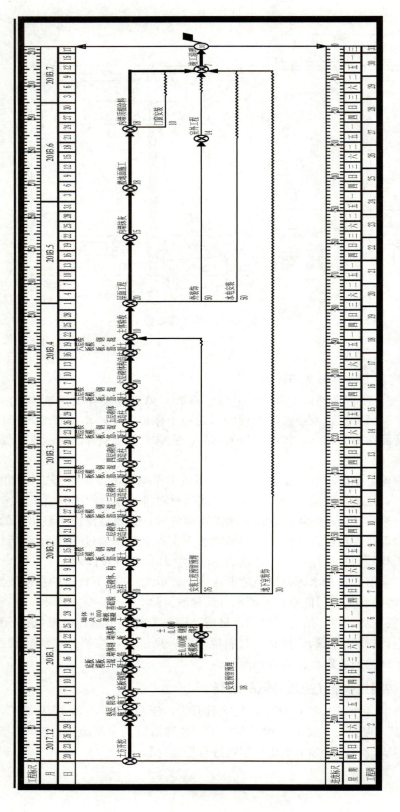

图 3-6 施工进度控制计划网络图

①土方开挖：2017年12月30日完。
②±0.000以下结构：2018年1月31日完。
③±0.000以上主体结构：2018年4月30日完(含春节放假)。
④屋面工程：2018年5月20日完。
⑤室内、外装饰工程：2018年7月5日完。
⑥室外工程：2018年7月5日完。
⑦竣工：2018年7月17日。

进度计划详见施工进度控制计划网络图，如图3-6所示。

任务2　混凝土结构施工组织实务

【工程背景】　某机电教学楼工程位于大学园区，工程平面形状为"一"字形，南北最外侧轴线宽度为17.00 m，东西向长度为66.00 m，建筑高度为20.8 m，建筑总面积约为5 600 m²；机电楼总共为五层，一层层高为4.2 m，其余层高均为4 m。本建筑耐久年限为50年，属三类建筑，耐火等级为1级，抗震设防烈度为6度。混凝土柱尺寸为600 mm×600 mm，楼板厚度为120 mm；框架梁截面尺寸为300 mm×750 mm，次梁截面尺寸为250 mm×500 mm。一层三维效果图如图3-7所示，一层平面图如图3-8所示。

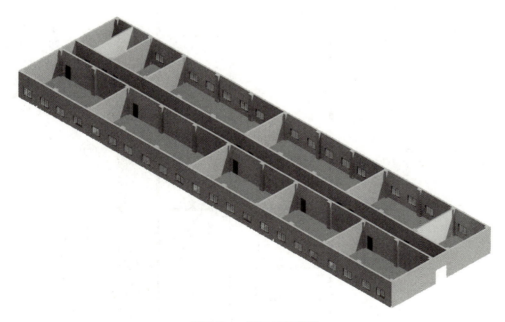

图3-7　一层三维效果图

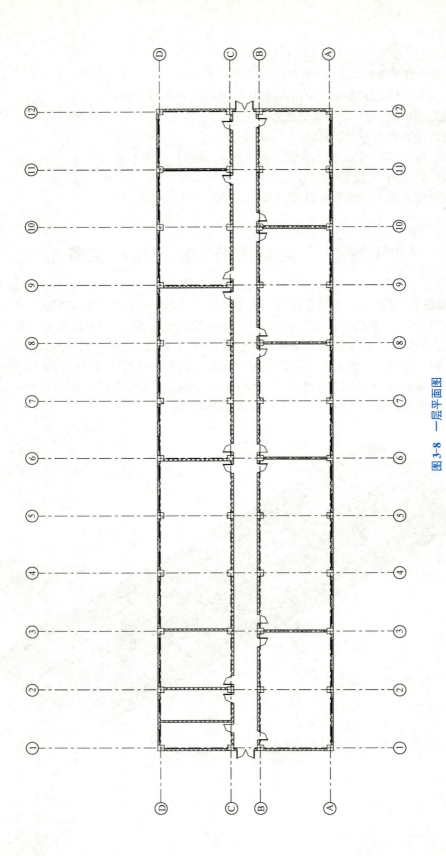

图3-8 一层平面图

★3.2.1 混凝土结构施工概述★

3.2.1.1 混凝土结构施工的特点

混凝土结构施工较砖混结构复杂,具体表现在施建建筑物的高度一般比较大,层数比较多,占地面积比较大。混凝土结构一般包括土方工程、基础工程、混凝土结构工程、填充墙砌筑、装饰装修、建筑水电安装、屋面工程等分部分项工程。

混凝土结构的施工材料一般都要经过垂直运输才能进入工作面,所以对垂直运输的要求高。除塔式起重机、物料提升机、施工电梯等垂直运输机械外,一般还用混凝土输送泵或者砂浆泵运输材料。

混凝土结构的工序多,施工组织复杂,仅在主体施工阶段,钢筋工、模板工和混凝土工的平面交叉作业就很多。有时先安装钢筋,然后支设模板,如混凝土柱和混凝土墙;有时先支设模板,然后安装钢筋,如梁板结构和楼梯等。工艺的前后衔接是施工组织的重点。

混凝结构的工具性材料(模板、支架、扣件等)多,现场平面布置复杂。现场的平面布置既要考虑水平运输,又要考虑垂直运输的方便和材料的存放安全和质量,所以,其现场的平面布置也较砌体结构复杂。

3.2.1.2 混凝土结构施工组织设计的内容

混凝土结构施工组织设计的内容包括编制依据,工程概况(主要说明工程建设概况、工程建筑设计概况、工程结构设计概况、建筑设备安装概况、自然条件、工程特点和项目实施条件分析),施工部署(主要包括项目管理组织、项目管理目标、总承包管理、各项资源供应方式、施工流水段的划分及施工工艺流程),主要分部分项工程的施工方案,施工准备工作计划,施工平面布置,施工资源计划,施工进度计划以及确保施工质量、安全、进度的措施和环保措施等内容。

3.2.1.3 混凝土结构施工组织设计的编制依据

混凝土结构施工组织设计的编制依据主要有施工组织总设计,工程施工图纸,标准图,工程地质勘探报告,地形图和工程测量控制网,建设项目施工组织总设计对本工程的工期、质量和成本控制的目标要求,合同文件(包括协议书、中标通知书、投标书及其附件、专用条款、通用条款、具有标价的工程量清单、工程报价单或施工图预算书),法律、法规,技术规范文件。

★3.2.2 混凝土结构施工方案与施工进度计划的编制★

3.2.2.1 混凝土结构施工方案

1. 工程施工目标

本工程的施工管理质量目标是省级优质工程,安全目标是杜绝重伤、死亡事故,轻伤率小于3‰,争创省市级"安全施工优秀工地"。

2. 施工区段的划分及施工程序

本工程工期紧,根据工程的形状及现场情况,将机电教学楼分为1~6、6~12两个施工段,组织流水施工,采用"平面流水、立体交叉"的作业方式。施工段的划分如图3-9所示。

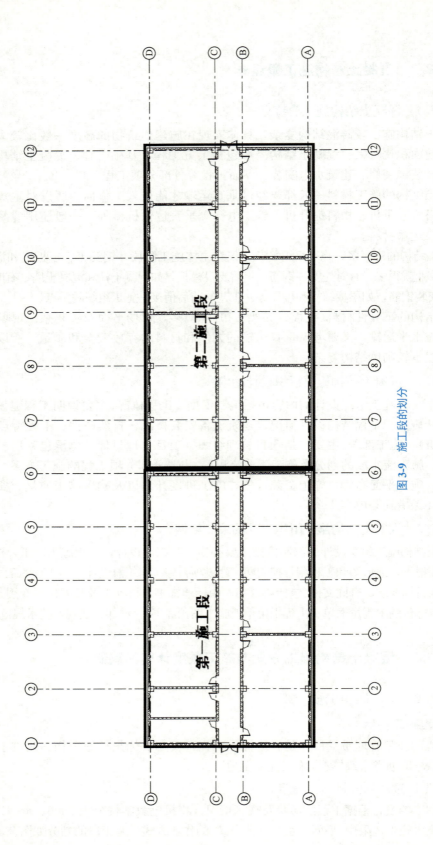

图 3-9 施工段的划分

结合本标段工程设计特点及现场具体条件，施工单位采用全面质量管理组织施工，采取平面流水、立体穿插进行施工，总体上本着"先地下后地上，先结构后装修，先湿作业后干作业"的原则，在结构施工阶段，土建、安装配合，预埋、预留。装饰工程采用内、外同时进行的方式，外装修自上而下施工。整个施工阶段土建、安装协调配合，穿插施工，施工总程序如图 3-10 所示。

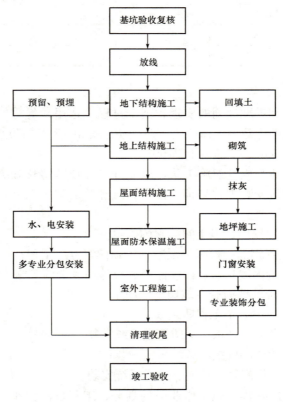

图 3-10　施工总程序

3. 施工组织管理模式与劳动力安排

(1) 施工组织管理模式。本工程采用项目法施工，选派具有丰富经验的项目经理和技术负责人，成立强有力的项目经理部对工程进行全方位管理，并选派类似工程施工经验丰富的施工队负责工程的施工。同时，施工单位成立以经理为首的工程协调领导小组，负责协调工程所需的人、财、物等各项资源，保证工程的需要，以保障工程总目标的实现。

(2) 技术经济指标。本工程的主要技术经济指标见表 3-8。

表 3-8　主要技术经济指标

序号	项目	目标	备注
1	工期	2018 年 12 月 3 日—2019 年 8 月 31 日	—
2	质量	省级优质工程	—
3	安全	死亡率：0	—
		重伤率：0	—
		轻伤率：小于 0.3‰	—

续表

序号	项目	目标	备注
4	机械完好率	90%	—
5	机械利用率	80%	—
6	机械化程度	70%	—
7	节约钢材	3%	—
8	节约木材	10%	—
9	节约水泥	1.5%	—

(3)劳动力安排。

①为保证创优目标和进度计划的实现,施工过程中选用最优秀的施工队进行施工。结构施工阶段配备600人的土建专业队施工,屋面防水等由15人的防水专业队施工;装饰期间配置装饰专业队约375人、安装专业队60人。

②施工队伍将按专业组成专业施工队,以充分发挥技术特长和突击施工能力,施工人员均选择参加过民用建筑安装工程培训、富有施工经验的技术工人,按工程量及其分布情况计划设置5个专业施工队。

a. 防水专业队,负责屋面、卫生间防水施工;

b. 土建专业队,负责钢筋、模板、混凝土、砌体等分项工程;

c. 内饰专业队,负责内墙抹灰、油漆涂料、楼地面、墙面等施工;

d. 外饰专业队,负责外墙面砖、玻璃幕墙施工;

e. 安装专业队,由以下3个工程队组成:

ⓐ管道工程队,负责给水排水、消防管道系统安装;

ⓑ设备安装队,负责全部机械设备的运输安装;

ⓒ电气工程队,负责供配管、照明、动力系统安装。

根据施工进度计划的安排、施工作业段的划分、工程量的大小、工程质量的要求,本工程劳动力计划见表3-9。

表3-9 劳动力计划　　　　　　　　　　　　　　　　人

工种	按工程施工阶段投入劳动力计划				
	土方工程	基础工程	主体工程	装饰工程	竣工清理
钢筋工	—	40	150	10	—
木工	—	80	280	40	—
混凝土工	—	20	40	—	—
瓦工	—	20	50	20	10
抹灰工	—	—	—	150	20
油漆工	—	—	—	50	30
架子工	—	—	20	20	5
机械工	10	4	12	8	5
电工	2	2	2	2	5
防水工	0	—	—	15	10
安装工	5	5	30	60	30

续表

工种	按工程施工阶段投入劳动力计划				
	土方工程	基础工程	主体工程	装饰工程	竣工清理
辅助工	30	10	20	30	40
合计	47	181	604	405	155

4. 工程质量计划

为确保质量目标的实现，特制订分部工程质量目标计划，见表3-10。

表3-10 分部工程质量目标计划

序号	分部工程名称	分项工程名称	合格率/%	优良率/%	一次交验质量目标
1	地基与基础工程	钢筋工程	100	>95	优良
		混凝土工程	100	>98	
		防水工程	100	>95	
2	主体工程	钢筋工程	100	>95	优良
		混凝土工程	100	>95	
		砌体工程	100	>95	
		钢网架工程	100	>95	
3	建筑装饰装修	水泥砂浆楼地面	100	>90	优良
		花岗石楼地面	100	>90	
		木地板楼地面	100	>90	
		地砖楼地面	100	>90	
		门窗安装工程	100	>90	优良
		玻璃安装工程	100	>90	
		干挂花岗石	100	>95	优良
		幕墙工程	100	>90	
4	屋面工程	屋面工程各分项	100	>95	优良
5	建筑采暖与卫生工程	室内给水系统	100	95	优良
		室内排水系统	100	96	
		卫生器具安装	100	100	
		室外给水管网	100	98	
		室外排水管网	100	96	
		排水工程	100	98	
		线路敷设工程	100	94	
6	建筑电气安装工程	变配电室	100	100	优良
		供电干线	100	99	
		电气动力	100	99	
		电气照明安装	100	98	
		备用和不间断电源	100	100	
		防雷及接地安装	100	100	

续表

序号	分部工程名称	分项工程名称	合格率/%	优良率/%	一次交验质量目标
7	智能建筑	通信网络系统	100	100	优良
		办公自动化系统	100	100	
		建筑设备监控系统	100	100	
		火灾报警及消防联动系统	100	100	
		安全防范系统	100	100	
		综合布线系统	100	100	
		电源与接地安装	100	100	
		环境	100	99	
8	通风空调工程	送排风系统	100	100	优良
		防排烟系统	100	100	
		除尘系统	100	99	
		空调风系统	100	98	
		空调水系统	100	100	
9	电梯安装工程	曳引装置组装工程	100	>90	优良
		导轨组装工程	100	>90	
		电气装置组装工程	100	>90	
		安全保护装置组装工程	100	>90	

5. 施工方案及施工方法

本工程单层施工面积大，工期紧张。为保证工程各项指标的完成，要制订切实可行的施工技术措施。

主体结构部分框架柱采用定型木胶大模板，现浇楼板、梁采用木胶大模板，根据工程工期紧张的实际情况，施工配备三层半的模板，支撑采用扣件式钢管脚手架。

钢筋现场加工，塔式起重机吊装就位，水平钢筋接头连接采用闪光对焊；竖向钢筋的连接采用电渣压力焊，以提高施工速度、保证施工质量。

由于本工程工期较紧，为加快工程的施工进度，保证工程的工期，混凝土采用商品混凝土，每施工流水段的框架柱、梁、板混凝土采用汽车泵同时浇筑施工。

根据工程需要，首先落实大型机具，如塔式起重机、混凝土输送泵等；其他大宗材料的运输，联系社会力量解决；自备运输车辆和小型机械，随施工队伍一起落实。

施工垂直、水平运输方案：教学楼配备一台QTZ40型塔式起重机，用于结构钢筋、模板的垂直运输。配备混凝土汽车泵一台，用于地下、主体结构混凝土浇筑。

现场配备两台JS-350型砂浆搅拌机，进行砌体构造柱混凝土和其他零星混凝土的搅拌。

主要施工机械见表3-11；土建工程主要检验和检测设备、仪器见表3-12。

表 3-11　主要施工机械设备

序号	机械或设备名称	型号规格	数量	产地	制造年月	额定功率	进场时间	备注
1	塔式起重机($R=40$ m)	QTZ40	3台	章丘	2003.3	48 kW	2019.3.1	—
2	施工龙门架	—	3座	济南	2003.03	7.5 kW	2019.4	高23 m
3	混凝土汽车输送泵	HBT60	1台	湖北	2001.3	55 kW	2019.1.15	
4	闪光对焊机	UNT-100	1台	泰安	2003.6	100 kV·A	2018.12.25	
5	电焊机	BS1-330	6台	济南	2002.5	30 kV·A	2018.1.25	
6	砂浆搅拌机	JS-500	2台	莱阳	2002.5	18.5 kW	2018.12.20	
7	钢筋切断机	QJ40-1	4台	济南	2003.6	4 kW	2018.12.25	
8	钢筋调直机	TQ4-8	1台	济南	2003.6	3 kW	2018.12.25	
9	钢筋弯曲机	GC40-1	2台	济南	2003.2	3 kW	2018.12.25	
10	卷扬机	JJM3.3t	1台	济南	2003.5	7.5 kW	2018.12.25	
11	圆锯	MT-235	2台	威海	2003.6	4 kW	2018.12.25	
12	平刨	MB-504	2台	威海	2003.7	4 kW	2018.12.25	
13	压刨	MB1065	2台	洛阳	2003.7	4 kW	2018.12.25	
14	振动器	插入式	8台	泰安	2004.3	1.1 kW	2018.12.20	
15	振动器	平板式	2台	泰安	2004.3	3 kW	2018.12.15	

表 3-12　土建工程主要检验和检测设备、仪器

序号	仪器设备名称	型号规格	单位	数量
1	经纬仪	J2	台	1
2	自动安平水准仪	DS3200	台	1
3	钢卷尺	50 m	把	2
4	混凝土试模	10 cm×10 cm×10 cm	组	10
5	砂浆试模	7.07 cm×7.07 m×7.07 cm	组	10
6	坍落度筒	—	套	2
7	砂子标准筛	—	个	16
8	磅秤	中	台	2
9	温、湿度两用计	—	支	2
10	质量检测器	—	套	2
11	兆欧表	ZC25-3(500 MΩ)	只	2
12	接地摇表	ZC-8(100 Ω)	只	2
13	万用表	920Z	只	2
14	液体温度计	−30 ℃～700 ℃	支	2
15	干湿球温度计	—	支	2
16	游标卡尺	—	把	2
17	取土环刀	—	个	4

6. 施工平面规划

　　现场平面布置主要考虑在尽量减少扰民的基础上施工方便并能合理安排场地，达到文明施工的标准。施工现场平面布置如图3-11所示。

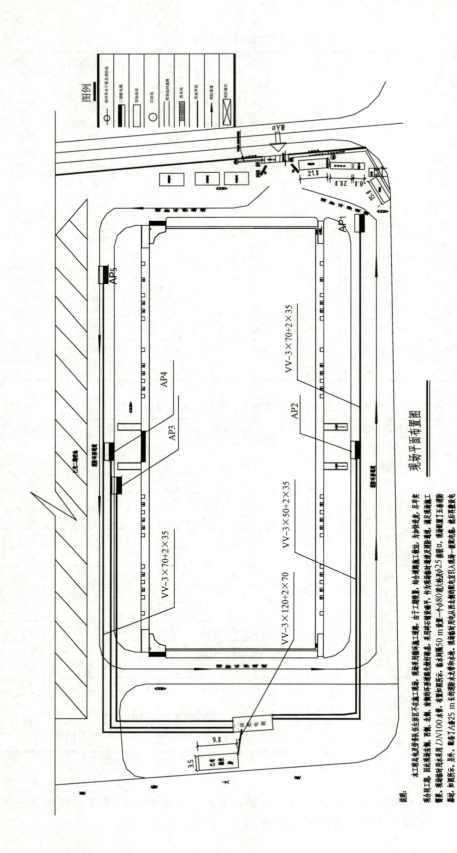

图3-11 施工现场平面布置

(1)根据施工现场的实际情况,本着生活和生产区域分开的原则,现场办公、工人宿舍布置在现场东部,现场办公安排甲方、监理、土建、安装办公室、会议室、活动室、厕所等设施。其中,办公区域采用红砖砌筑,办公室采用砖墙钢板彩板顶棚,生活区域工人宿舍采用组装式水泥板设板房。

(2)结合现场的实际情况和施工生产需要,考虑在塔式起重机覆盖范围内有利于施工生产,并尽量靠近拟建建筑物,将机电教学楼南侧作为施工生产设施场地:设钢筋加工场地、砂浆搅拌场、三大工具堆场、模板堆场、安装材料加工区等,并在南、北两个单元南侧各设一个木工棚。

(3)本标段工程单层施工面积大,工期紧张。考虑吊装方便及吊装荷载问题,在机电楼北侧中部布置一台QTZ40($R=40$ m)塔式起重机,并在机电教学楼的南侧布置一台井字架,作为结构和装饰施工期间材料垂直运输的主要工具。

(4)施工场地与道路。机电教学楼由于施工现场地面比较软,因此必须重新设置施工道路,施工期间在机电教学楼的东侧设置6 m宽的主要运输通道,在3个单元中间设置4 m宽的辅助运输道路。

施工现场内道路主干道宽为6 m,对主干道两侧进行绿化。现场内主要通道路基为400 mm厚毛石,路面为120 mm厚C20混凝土路面,西边设置排水沟与主干道排水沟相接。辅助道路采用200 mm厚碎石道砟路基,路面用碎石和石屑铺平。办公区域和生活区域房屋前、后设置20 cm×15 cm的排水沟,与主要排水沟相连。

施工现场场地硬化标准:对施工生产、生活场地内的道路、场地进行硬化处理。硬化场地及路面应控制好标高,确保表面平顺,做到场内排水畅通,无积水现象,并在整个施工过程中加以维护。施工道路布置:在现场东北角设出入口。

(5)为使现场污水排放达到环保要求,输送泵处设明沟(上盖铸铁箅子),用于机械冲洗,用暗管排至场内的沉淀池内,此处沉淀池采用二级沉淀池,二次沉淀水可重复利用,用于混凝土养护、浇砖等,以节约用水。

7. 材料管理、主要材料进场计划

(1)主要材料采购质量控制措施。在材料采购过程中,严格按照公司《物资控制程序》的要求进行,进货前提样试验,进入现场后复试。进入现场的材料分"待验""合格"区别存放,待验材料经试验合格后方可使用,不合格材料立即清理出施工现场,试验合格材料及时提供准用证、合格证(或出厂试验报告)等相关技术资料。

(2)主要材料进场计划。所有材料均在每道工序施工前15 d提出分批量进场计划,以便有充足的时间进行材料的采购、储备。材料提前一周进场,按照公司《物资控制程序》的规定,经检验、试验或鉴定合格后方可使用。

3.2.2.2 混凝土结构施工进度计划的编制

本标段工程于2018年12月3日开工,于2019年8月31日竣工。

为确保工期目标的实现,利用微型计算机将施工网络计划优化、调整,分解成月、周计划安排施工,同时,在施工中设置主要进度控制点进行阶段检查和控制,从而实现总工期目标。

为确保工期目标的实现,设置施工进度控制点,见表3-13;工程进度计划网络图如图3-12所示。

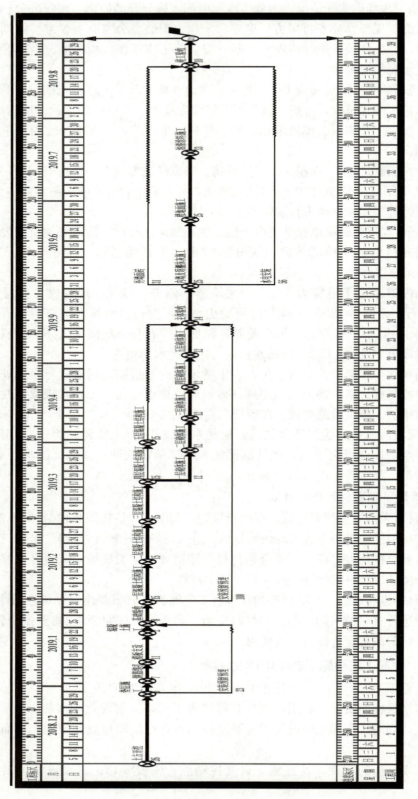

图 3-12 工程进度计划网络图

表 3-13 施工进度控制点

工程名称	施工控制点	完成时间
机电教学楼工程	开工	2018.12.3
	土方开挖	2018.12.28
	基础结构	2019.1.30
	主体结构	2019.5.30
	外墙面砖	2019.6.30
	楼地面施工	2019.7.20
	油漆涂料施工	2019.8.20
	竣工	2019.8.31

任务 3　钢结构施工组织实务

【工程背景】　某图书馆新馆位于人民路西侧,为市级大型公共图书馆。该工程占地面积为 50 亩,总建筑面积为 2.5 万 m^2,总投资为 1.5 亿元。

本工程主楼为框-筒钢骨混凝土结构,裙楼为钢筋混凝土框架结构,抗震设防烈度为 7 度。地基为预应力混凝土管桩,主楼基础采用桩承台、整板基础。主楼主体柱网间距以 9 000 mm×9 000 mm 为主,从地下室至四层以钢骨混凝土柱为主,局部钢筋混凝土柱及钢柱。

钢骨混凝土柱截面尺寸分别为 700 mm×800 mm、1 000 mm×700 mm、700 mm×700 mm、ϕ800 等;钢筋混凝土柱截面尺寸为 700 mm×700 mm;钢柱截面尺寸为 400 mm×800 mm×20 mm×40 mm。

主体楼层梁分别有钢骨混凝土梁、钢筋混凝土梁及钢梁。一、二层楼面钢骨梁及钢筋混凝土梁截面尺寸为 700 mm×800 mm、1 000 mm×800 mm、700 mm×700 mm 等几种;三、四层楼面及屋面为钢梁,钢梁截面尺寸有多种,截面形式为 H 形。

主楼一、二层楼面板分别为高强薄壁空心筒现浇板,板厚分别为 400 mm、220 mm;屋面板采用压型板、混凝土组合楼面,板厚为 120 mm。

★3.3.1　钢结构施工概述★

3.3.1.1　钢结构施工的特点

钢结构施工大体上可分为两大部分:一是钢构件、配件的制作与加工,一般在工厂生产;二是钢结构的拼装安装、连接,即现场施工;另外,还有防腐、防火处理等。根据钢结构的性质,钢结构施工具有以下特殊性:

(1)对制作、加工精度、测量、定位、放线要求严格。这是在制作和安装阶段都较为重要的问题。下料不精确,会造成构件变形,安装时不能就位,影响使用和受力;同时在高层建筑中,误差累积非常显著,柱子或其他构件的微小偏差会造成上部很大的变位,极大地改变结构的受力,影响设计效果,甚至发生工程事故。

(2)焊接、紧固件连接工作量大。焊接、紧固件连接在整个钢结构工程中的工作量占有很大比重。焊接、紧固件连接会不可避免地产生各种缺陷,对钢结构工程质量有着很大的影响。

(3)安装过程对天气、温度等条件敏感。钢材热胀冷缩,尺寸变化比较大,温度过高或过低都会对安装精度产生影响。同时,在钢材连接中,焊接的质量与天气、温度息息相关。

(4)钢结构安装对机械设备要求高。钢结构构件质量大、体积大,高层建筑施工中高空作业多,对吊装过程的技术要求高,吊装的施工荷载必须同其自身设计承载力吻合,对起重、运输等机械的性能要求高。在一些特殊的施工方法(如整体顶升法、高空滑移法)中,对机械设备的性能有更高的要求。

(5)防腐、防火要求高,且防腐、防火可分为施工过程中和安装完成后两个阶段。

(6)钢结构构件多,材料需求量大、品种多、专业性强、材质要求高,故要求有良好的组织供应,以保障施工需求,组织对物资供应进度提出的要求高。

(7)钢结构工程对工人的技术水平要求高。焊工、起吊工等须考核并持证上岗。

(8)施工具有连续性。采用流水施工时,工作的交叉配合比较平衡。另外,钢结构施工基本上是干作业,受天气影响大,要求在工期进度上合理安排,以提高效率。

3.3.1.2 钢结构施工组织设计的内容

钢结构的特点决定了钢结构施工组织设计的主要内容有工程概况、垂直运输工具的选择,施工段的划分,主要分部分项工程施工方法,确保工程质量、安全、进度的措施和环保措施。

3.3.1.3 钢结构施工组织设计的编制依据

钢结构施工组织的设计的编制依据主要有施工组织总设计,工程施工图纸,标准图,工程地质勘探报告,地形图和工程测量控制网,建设项目施工组织总设计对本工程工期、质量和成本的控制目标要求,合同文件(包括协议书、中标通知书、投标书及其附件、专用条款、通用条款、具有标价的工程量清单、工程报价单或施工图预算书),法律、法规,技术规范文件。

★3.3.2 钢结构施工组织设计施工方案、施工方法的选择与施工进度计划的编制★

3.3.2.1 钢结构施工组织设计施工方案、施工方法的选择

1. 工程施工目标

本工程被列入施工企业的重点工程项目,项目经理部按照合同承诺及该单位 ISO 9002 体系标准,对本工程的施工进行全过程的控制。

科学组织每道工序的衔接,合理安排劳动力,采用先进的施工工艺,推广应用科技成果,以有力的技术手段、严格的管理,确保本工程目标的实现。

工程质量目标:工程质量符合现行国家规范验收标准,确保为市级优质工程,达到国家优质工程标准。

本工程施工工期要求为 180 d,其中制作 90 d、安装 90 d,严格控制工期,精心组织,调动所有资源,投入充足的、先进的施工机械设备,严格按项目法施工,在 168 个日历天内完成施工,比业主要求提前 12 d 完成施工任务,计划从 2018 年 1 月 16 日开始至 2018 年

7月2日结束。

认真贯彻执行安全施工规范及安全操作规程,坚持"安全第一、预防为主"的方针,完善安全措施,加强对施工人员的安全教育,提高安全意识,落实安全责任制,杜绝重伤和死亡事故的发生,将一般事故的发生频率控制在1.5‰以下。

信守合约,密切配合,认真协调与各方面、各专业队之间的关系,共同合作,为业主服务。同时,主动接受业主、监理、总包单位等相关人员对工程质量、工程进度、计划协调、安全生产、文明施工、项目管理等各方面的监督。

大力开展科技进步活动,发挥先进生产力的作用,大力推广新技术、新工艺、新材料、新设备和现代化管理技术,科技进步效益率达2%,建成公司优秀科技示范工程。

文明施工目标达到市级文明工地标准。

2. 施工流水段的划分及施工程序

根据本工程的结构特点及钢结构工程量的分布,暂时将主楼钢结构安装工程分成4个施工流水段,如图3-13所示。

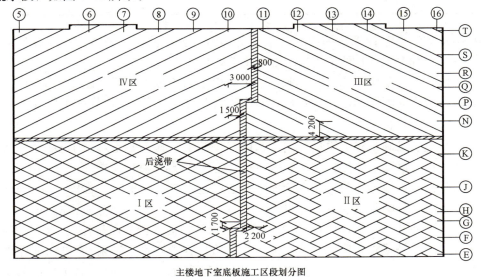

图3-13 施工段的划分

流水施工关系为:首先进行立柱安装,然后进行横梁安装,最后进行支撑安装。

3. 施工组织管理模式与劳动力安排

根据本工程的内容和特点,计划在本工程中投入钢结构制作厂和钢结构吊装队、钢结构安装队、脚手架搭拆施工队、涂装施工队等专业施工作业队及一个测量检测队进行本工程的施工。拟投入施工现场的最高人数和平均人数见表3-14。

表3-14 劳动力需要量计划

序号	工种	数量/人	备注
1	铆工	20	—
2	电焊工	20	持证上岗

续表

序号	工种	数量/人	备注
3	气焊工	6	持证上岗
4	起重工	8	持证上岗
5	油漆工	30	—
6	测量工	6	持证上岗
7	维修电工	1	持证上岗
8	架子工	6	持证上岗
9	探伤工	3	持证上岗
10	辅助工	20	—
	共计	120	—

根据劳动力需要量计划,分期分批组织劳动力进场,进行入场教育,明确目标任务,并由质、安工程师分别进行施工质量、安全技术交底。

各施工队骨干力量保持稳定,一般技术工人以公司为强大后盾,随工程需要实行动态管理,既保证工程高峰期的用人需要,又不致造成现场"窝工",从而提高工作效率。

4. 施工质量控制

施工质量控制措施是施工质量控制体系的具体落实,其主要是对施工各阶段及施工中的各控制要素进行质量上的控制,从而达到施工质量目标的要求。

施工质量控制措施主要分为3个阶段,并通过这三个阶段来对本标段工程各分部分项工程的施工进行有效的阶段性质量控制。

(1)事前控制阶段。事前控制是在正式施工活动开始前进行的质量控制,事前控制是先导。事前控制主要是建立完善的质量保证体系、质量管理体系,编制《质量保证计划》,制订现场的各种管理制度,完善计量及质量检测技术和手段;对工程项目施工所需的原材料、半成品、构配件进行质量检查和控制,并编制相应的检验计划;进行设计交底、图纸会审等工作,并根据本标段工程特点确定施工流程、工艺及方法;对本标段工程将要采用的新技术、新结构、新工艺、新材料均要审核其技术审定书及运用范围;检查现场的测量标桩、建筑物的定位线及高程水准点等。

(2)事中控制阶段。事中控制是指在施工过程中进行的质量控制,事中控制是关键。事中控制主要是完善工序质量控制,把影响工序质量的因素都纳入管理范围,及时检查和审核质量统计分析资料和质量控制图表,抓住影响质量的关键问题进行处理和解决;严格工序间的交换检查,做好各项隐蔽验收工作,加强交检制度的落实,达不到质量要求的前道工序绝不交给下道工序施工,直至质量符合要求为止;对完成的分部分项工程,按相应的质量评定标准和办法进行检查、验收;审核设计变更和图纸修改。同时,如施工中出现特殊情况,如隐蔽工程未经验收而擅自封闭、掩盖或使用无合格证的工程材料、擅自变更替换工程材料等,主任工程师有权向项目经理建议下达停工令。

(3)事后控制阶段。事后控制是指对施工过的产品进行质量控制,事后控制是弥补。事后控制主要是按规定的质量评定标准和办法，对完成的单位工程、单项工程进行检查验收；整理所有的技术资料，并编目、建档；在保修阶段，对本标段工程进行维修。

5. 施工方案与施工方法

(1)吊装方案。本工程钢结构构件吊装工艺流程如图 3-14 所示。

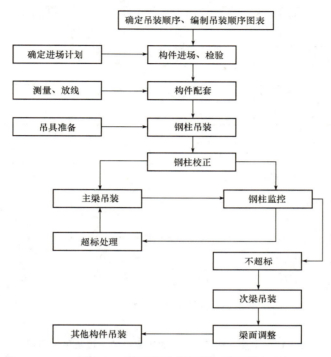

图 3-14 钢结构构件吊装工艺流程

(2)吊装机械的选择及安装。

①塔式起重机位置的选择及性能参数。按照主楼钢结构构件的分布特点以及质量，选取 1 台 K50/50 型塔式起重机作为起重设备，考虑塔式起重机配合土建地下部分施工，塔式起重机的大臂长选择 70 m，安装在⑩轴线上、⑥轴及①轴之间。K50/50 型塔式起重机的安装高度为 54 m，最大起重量为 20 t，最远处起重量为 5 t。

②主楼塔式起重机平面布置如图 3-15 所示。

③塔式起重机的吊装工况分析。钢柱安装分节的设想：本工程钢柱总长度约为 26 m，考虑安装及运输的方便，基本分两节制作安装：第一节从地下室至高出二层地板 1.2 m 处，第二节从高出二层地板 1.2 m 处至屋顶。局部外挑 12 m 部分由于其主梁翼缘板贯穿钢柱，该部分分四节制作安装：第一节分节点为高出二层地板 1.2 m 处，第二节分节点为高出三层地板 1.2 m 处，该部分同三层挑梁一起制作安装，第三节分节点为高出四层地板 1.2 m 处，第四节即从四层地板 1.2 m 直到屋顶。

根据主楼的钢结构分布情况，构件基本为对称分布，同一位置在三层构件的质量最大，经对构件质量的计算，塔式起重机平面布置中钢柱 1~3、钢梁 1~3 为塔式起重机工作的最不利点，具体分析见表 3-15。

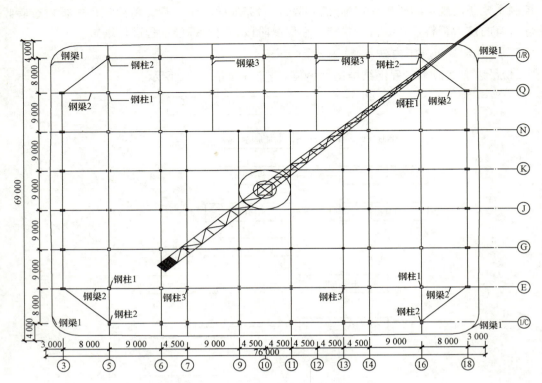

图 3-15　主楼塔式起重机平面布置

表 3-15　主楼 K50/50 型塔式起重机的设置及吊装情况

序号	各最不利点构件名称	构件质量/t	距塔式起重机的距离/m	该处塔式起重机的起重量/t	是否满足	备注
1	钢梁1	6.2	48	8.2	是	—
2	钢梁2	6.7	39.5	10.3	是	—
3	钢梁3	7.6	30	14.3	是	—
4	钢柱1	5.8	36	11.5	是	—
5	钢柱2	7.9	42	9.6	是	—
6	钢柱3	4.5	27	16.1	是	—

注：1. 其他构件吊装的位置或质量均比上述构件容易，不一一分析。
　　2. 钢梁3上翼缘板贯穿钢柱，考虑吊装及制作方便，该钢梁与二～三层钢柱同时制作、吊装。

通过上述分析，K50/50 型塔式起重机布置在该位置，满足钢结构构件吊装要求。

6. 施工平面布置

（1）现场办公设施的规划。钢结构工程的现场办公设施由项目总承包部统一规划，钢结构工程的主要办公设施有项目经理办公室、工程技术部办公室、会议室、综合办公室、财务预算部办公室、质量安全部办公室，见表 3-16。

办公桌椅统一配备，会议室配备拼装式会议桌，综合办公室配备电脑、复印机、传真机等，办公室、会议室安装空调、插座、电话等，大部分办公室配备计算机。

表 3-16 办公设施用房

序号	名称	面积/m²	间数	备注
1	项目经理办公室	17	1	—
2	综合办公室	17	1	—
3	工程技术部办公室	34	1	—
4	会议室	34	1	—
5	财务预算部办公室	17	1	—
6	质量安全部办公室	17	1	—
	合计	136	6	—

(2)生活设施的规划。钢结构工程现场生活设施在总包单位的统一规划下，在业主提供的可容纳 150 人的场地内设置。钢结构工程生活设施需用面积见表 3-17。

表 3-17 生活设施需用面积

序号	名称	搭设总面积/m²	搭设规格	备注
1	职工宿舍	216	4 m×3.6 m	共 15 间，每间 8 人，共 120 人
2	管理人员宿舍	72	4 m×3.6 m	共 5 间，每间 6 人，考虑 30 人
3	食堂	95	6.3 m×15 m	兼作职工活动室
4	男厕所	35	7 m×5 m	—
5	男淋浴间	40	5 m×8 m	—
6	女厕所	15	3 m×5 m	—
7	女淋浴间	10	5 m×2 m	—
	合计	483	—	—

(3)现场钢结构拼装场地及仓库的规划。根据拟采用的钢结构施工工艺及组织方案，钢结构构件分段从制作加工厂出厂，到施工现场后需要进行现场拼装和修整工作。

室内仓库为 68 m²，主要用来放置焊接材料、高强度螺栓等对保管环境有要求的材料，油漆、涂料等易燃易爆品在总承包管理部易燃易爆品仓库内集中存放。

(4)临时用水、用电设施。根据总包提供的水源、电源，按现场施工用水、用电布置图敷设现场临时用水、用电管路，并单独装表计量。现场的废水、污水符合规定的排污标准，临时用电设施须符合《施工现场临时用电安全技术规范》(JGJ 46—2005)的要求。

施工总平面布置如图 3-16 所示。

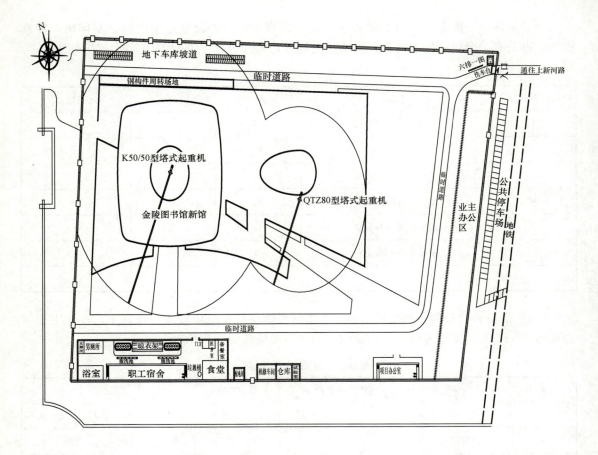

说明：
1.图中现场临时办公及生活设施位置为暂定位置，中标后根据发包方的要求，位置和面积均可再调整；
2.本工程现场施工临时用地沿建筑四周布置，若发包方另有要求可随时调整；
3.塔式起重机安全专项措施详见施工组织设计。

图3-16 施工总平面布置

7. 施工准备及材料进场计划

工程开工前所进行的一系列施工工作主要包括：外部环境方面的施工现场规划；人员、机械、物资调配；与基础施工队交接手续的办理；内部环境方面的技术准备；施工计划准备；施工劳动力准备；主要物资材料计划；临时设施施工准备等。

工程开工前，由项目总工组织项目经理部有关技术人员认真熟悉图纸，参加由建设单位组织召开的设计交底、图纸会审和轴线桩交接、施工临时水电交接、施工现场勘察；根据施工现场的实际情况和甲方的统一要求布置现场临时设施；施工技术部门根据投标方案大纲编制实施性的施工组织设计和分项工程施工方案并向施工工长和专业施工队进行技术交底和岗前培训，同时，按照施工总进度计划的总体安排编制材料进场计划、设备进场计划、人员进场计划。

3.3.2.2 钢结构施工进度计划的编制

根据招标文件，本工程施工工期要求为180 d，其中制作90 d、安装90 d，施工单位严格控制工期，精心组织，调动所有资源，投入充足的、先进的施工机械设备，严格按项目法施工，在168个日历天内完工，比业主要求提前12 d完成施工任务，计划从2018年1月16日开始至2018年7月2日结束。

1. 施工进度总体安排

根据本工程特点和工期要求，将本工程总体安排为以下3个施工阶段：

第一阶段为施工准备阶段：主要包括资料收集，技术方案的编制与交底，工程材料采购，劳动力准备与培训，临时设施、道路、临时水电设施设计，钢结构深化设计等。

第二阶段为施工生产阶段：主要包括钢结构工厂加工、运输，现场地面拼装，吊装，高空安装等。本阶段是施工全面展开阶段，应保证各种资源的及时调配，加大生产调度力度，保证计划实施不打折扣。

第三阶段为交工验收阶段：钢结构安装完毕，成立交工验收领导小组，和业主、总包方及监理、总包单位共同制订详细的交工验收计划（包括竣工资料的整理、装订、交付），确保交工验收成功。

对各阶段实行科学合理的安排，以确保总体目标的实现。

2. 施工进度控制点的设置

在施工中本着优化施工程序，加强各工种协作，强化网络计划的原则，加强施工计划管理。为保证工期目标的实现，根据各分部分项工程的特点分别设置如下主要控制点：

第一进度控制点：2018年1月16日，工程开工；

第二进度控制点：2018年2月4日，钢结构深化设计完成；

第三进度控制点：2018年2月16日，钢结构开始制作；

第四进度控制点：2018年4月1日，主楼钢结构开始安装；

第五进度控制点：2018年6月1日，报告厅钢结构开始安装；

第六进度控制点：2018年6月19日，主楼钢结构安装完毕；

第七进度控制点：2018年6月25日，报告厅钢结构安装完毕；

第八进度控制点：2018年7月2日，工程竣工。

3. 施工进度计划

施工进度计划横道图如图3-17所示。

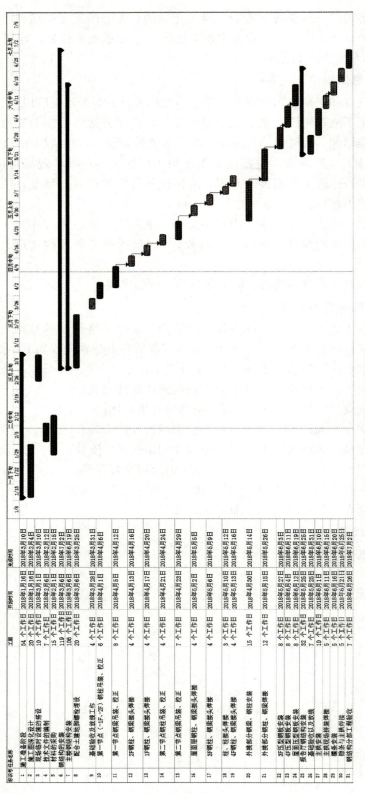

图 3-17 施工进度计划横道图

项目小结

本项目主要介绍砖混结构、混凝土结构、钢结构的施工组织设计编制,包括原始资料的搜集、施工部署、施工方法的选择、施工措施、进度计划的编制、资源计划的制订、施工平面布置等内容。

复习思考题

1. 砖混结构、混凝土结构、钢结构的施工组织设计各有哪些特点?
2. 编制砖混结构、混凝土结构、钢结构的单位工程施工组织设计之前,应该收集哪些资料?3类结构的单位工程施工组织设计内容有何异同?

实训练习题

对所在地区的在建砖混结构、混凝土结构、钢结构工程进行调查,模拟编制所调查工程的施工组织设计,并比较所编制的施工组织设计和工程实际的施工组织设计的优、缺点。

项目 4　建设工程施工进度控制

> **学习要求**

学习概述	学习目标	学习重点
本项目主要内容包括施工进度控制概述、单位工程进度计划的编制、施工进度计划实施中的检查与调整、建设工程施工阶段的进度控制。	通过学习，了解进度控制的基本原理，掌握进度控制的基本内容。	单位工程进度计划的编制步骤、建设工程施工进度控制的工作内容。

任务 1　建设工程施工进度控制概述

控制建设工程进度，不仅能够确保工程建设项目按预定的时间交付使用，及时发挥投资效益，而且有益于维持国家良好的经济秩序。因此，应采用科学的控制方法和手段控制工程项目的建设进度。

★4.1.1　进度控制的含义★

建设工程施工进度控制是指对工程项目建设实施阶段的工作内容、工作程序、持续时间和衔接关系，根据进度总目标及资源优化配置的原则编制计划并付诸实施，然后在进度计划的实施过程中经常检查实际进度是否按计划要求进行，对出现的偏差情况进行分析，采取补救措施或调整、修改原计划后再付诸实施，如此循环，直到建设工程竣工验收，交付使用。建设工程施工进度控制的最终目的是确保建设项目按预定的时间动用或提前交付使用，建设工程施工进度控制的总目标是建设工期。

知识链接

建设工期是指建设项目从永久性工程开始施工到全部建成投产或交付使用所经历的时间。其包括土建施工组织、设备安装、生产准备和竣工验收等项工作的时间，是建设项目施工计划和投资效果考核的主要指标。

确定建设项目的建设工期，需根据工期定额、综合资金、材料、设备、劳动力等施工条件，从项目可行性研究中的项目实施计划开始，随着项目进程由粗到细逐步明确。同时，注意与配套项目衔接，同步实施。建设工期安排过长，资金在未完工程上沉淀过久，会影响投资效果；建设工期安排过短，将扩大施工规模，增加固定费用的支出，甚至影响施工质量，影响项目目标的实现。因此，确定合理的建设工期是项目施工的首要任务。

施工工期以单位工程为计算对象，其工期天数指单位工程从基础工程破土开工起至完成全部工程设计所规定的内容，并达到国家验收标准所需的全部日历天数。

国家建设部门曾颁发"建筑安装工程工期定额"，用以控制一般工业和民用建筑的工期，其按不同结构类型、不同建筑面积、不同层数、不同施工地区分别规定了各类不同建筑工程的施工工期。该定额可作为编制施工组织设计、安排施工计划、编制招标投标文件、签订工程承发包合同和考核施工工期的依据。

计划施工工期通常是在工程委托人的要求工期或承、发包双方原订的合同工期的规定下，综合考虑各类资源的供应及成本消耗情况后加以合理确定。

进度控制工作必须事先对影响建设工程进度的各种因素进行调查分析，预测它们对建设工程进度的影响程度，确定合理的进度控制目标，编制可行的进度计划，使工程建设工作始终按计划进行。

在实施过程中，施工进度会受到各种风险因素的干扰而发生变化，人们难以执行原定的进度计划，为此，进度控制人员必须掌握动态控制原理。

动态控制原理是指在计划执行过程中不断检查建设工程的实际进展，并将实际状况与计划安排进行对比，从中得出偏离计划的信息；然后在分析偏差及其产生原因的基础上，通过采取组织、技术、经济等措施，维持原计划，使之能正常实施。如果采取措施后不能维持原计划，则需要对原进度计划进行调整或修正，再按新的进度计划实施。这样，在进度计划的执行过程中进行不断的检查和调整，可保证建设工程进度得到有效控制。

★4.1.2 影响进度的因素分析★

在工程建设过程中，常见的影响进度的因素如下：

(1)业主因素。如业主使用要求改变而进行设计变更、应提供的施工场地条件不能及时提供或所提供的场地不能满足工程正常需要、不能及时向施工承包单位或材料供应商付款等。

(2)勘察设计因素。如勘察资料不准确，特别是地质资料错误或遗漏；设计内容不完善，规范应用不恰当，设计有缺陷或错误；设计对施工的可能性未考虑或考虑不周全；施工图纸供应不及时、不配套，或出现重大差错等。

(3)施工技术因素。如施工工艺错误、施工方案不合理、施工安全措施不当、应用不可靠的技术等。

(4)自然环境因素。如复杂的工程地质条件，不明的水文气象条件，地下埋藏文物的保护、处理，洪水、地震、台风等不可抗力等。

(5)社会环境因素。如外单位临近工程施工干扰，节假日交通、市容整顿的限制，临时停水、停电、断路，国外常见的法律及制度变化，经济制裁、战争、骚乱、罢工、企业倒闭等。

(6)组织管理因素。如向有关部门提出的各种申请审批手续被延误；合同签订时遗漏条款、表达失当；计划安排不周密，组织协调不力，导致停工待料、相关作业脱节；领导不力，指挥失当，使参加工程建设的各个单位、各个专业、各个施工过程之间的交接、配合发生矛盾等。

(7)材料、设备因素。如材料、构配件、机具、设备供应环节的差错，使品种、规格、质量、数量、时间不能满足工程的需要；特殊材料及新材料的使用不合理；施工设备不配套，选型失当，安装失误，出现有故障等。

(8)资金因素。如有关方拖欠资金，资金不到位，资金短缺；汇率浮动和通货膨胀等。

★4.1.3 进度控制的措施和主要任务★

4.1.3.1 进度控制的措施

为了实施进度控制，应根据建设工程的具体情况，认真制订进度控制措施，以确保建设工程进度控制目标的实现。进度控制的措施应包括组织措施、管理措施、经济措施及技术措施。

1. 组织措施

(1)组织体系健全是实现目标的决定性因素，为实现项目的进度目标，应充分重视健全项目管理的组织体系。

(2)在项目组织结构中应有专门的工作部门和符合进度控制岗位资格的专人负责进度控制工作。

(3)进度控制的主要工作环节包括分析和论证进度目标、编制进度计划、定期跟踪进度计划的执行情况、采取纠偏措施，以及调整进度计划。

这些工作任务和相应的管理职能应在项目管理组织设计的任务分工表和管理职能分工表中标示并落实。

(4)应编制项目进度控制的工作流程，如项目进度计划系统的组成、各类进度计划的编制程序、审批程序和计划调整程序等。

(5)进度控制工作包含了大量的组织和协调工作，而会议是组织和协调的重要手段，应进行有关进度控制会议的组织设计，以明确会议的类型，各类会议的主持人及参加单位和人员，各类会议的召开时间，各类会议文件的整理、分发和确认等。

2. 管理措施

(1)建设项目进度控制的管理措施涉及管理的思想、管理的方法、管理的手段、承发包模式、合同管理和风险管理等。在理顺组织的前提下，科学和严谨的管理显得十分重要。

(2)建设项目进度控制在管理观念方面存在的主要问题是：缺乏进度计划系统的观念，分别编制各种独立而互不联系的计划，形成不了计划系统；缺乏动态控制的观念，只重视计划的编制，而不及时进行计划的动态调整；缺乏进度计划多方案比较和选优的观念，合理的进度计划应体现资源的合理使用、工作面的合理安排，有利于提高建设质量、文明施工和合理缩短建设周期。

(3)用网络计划的方法编制进度计划，必须严谨地分析和考虑工作之间的逻辑关系，通过网络计算可发现关键工作和关键线路，也可知道非关键工作可使用的时差，网络计划的方法有利于实现进度控制的科学化。

(4)承发包模式的选择直接关系到项目实施的组织和协调。为了实现进度目标，应选择合理的合同结构，以避免过多的合同交界面而影响工程的进展。工程物资的采购模式对进度也有直接的影响，对此应进行比较分析。

(5)为实现进度目标，不但应进行进度控制，还应注意分析影响项目进度的风险，并在分析的基础上采取风险管理措施，以减少进度失控的风险量。常见的影响项目进度的风险包括组织风险、管理风险、合同风险、资源(人力、物力和财力)风险、技术风险等。

3. 经济措施

(1)建设工程施工进度控制的经济措施涉及资金需求计划、资金供应的条件和经济激励措施等。

(2)为确保进度目标的实现，应编制与进度计划相适应的资源需求计划(资源进度计划)，包括资金需求计划和其他资源(人力和物力资源)需求计划，以反映工程实施各时段所需要的资源。通过资源需求的分析，可发现所编制的进度计划实现的可能性，若资源条件不具备，则应调整进度计划。资金需求计划也是工程融资的重要依据。

(3)资金供应条件包括可能的资金总供应量、资金来源(自有资金和外来资金)以及资金供应的时间。

(4)在工程预算中应考虑加快工程进度所需要的资金，其中包括为实现进度目标将要采取的经济激励措施所需要的费用。

4. 技术措施

(1)建设项目进度控制的技术措施涉及对实现进度目标有利的设计技术和施工技术的选用。

(2)不同的设计理念、设计技术路线、设计方案会对工程进度产生不同的影响。在设计工作的前期，特别是在设计方案评审和选用时，应对设计技术与工程进度的关系进行分析比较。在工程进度受阻时，应分析是否存在设计技术的影响因素，为实现进度目标有无设计变更的可能性。

(3)施工方案对工程进度有直接的影响，在选用前不仅应分析技术的先进性和经济合理性，还应考虑其对进度的影响。在工程进度受阻时，应分析是否存在施工技术的影响因素，为实现进度目标有无改变施工技术、施工方法和施工机械的可能性。

4.1.3.2 进度控制的主要任务

(1)施工方进度控制的任务是依据施工任务委托合同对施工进度的要求控制施工进度，这是施工方履行合同的义务。在进度计划的编制方面，施工方应视项目的特点和施工进度控制的需要，编制深度不同的控制性、指导性和实施性施工进度计划，以及不同计划周期(年度、季度、月度和旬)的施工进度计划等。

(2)供货方进度控制的任务是依据供货合同对供货的要求控制供货进度，这是供货方履行合同的义务。供货进度计划应包括供货的所有环节，如采购、加工制造、运输等。

任务 2　建设工程施工进度计划的表示方法和编制程序

★4.2.1　建设工程施工进度计划的表示方法★

建设工程施工进度计划的表示方法有多种，常用的有横道图和网络图两种。

4.2.1.1 横道图

横道图也称甘特图,是美国人甘特(Gantt)在 20 世纪 20 年代提出的。其由于形象、直观,且易于编制和理解,因此长期以来被广泛应用于建设工程施工进度控制。

用横道图表示的建设工程施工进度计划,一般包括两个基本部分,即左侧的工作名称及工作的持续时间等基本数据部分和右侧的横道线部分。横道图能明确地表示出各项工作的划分、工作的开始时间和完成时间、工作的持续时间、工作之间的相互搭接关系,以及整个工程项目的开工时间、完工时间和总工期。

利用横道图表示工程进度计划存在下列缺点:

(1)不能明确地反映各项工作之间错综复杂的相互关系,因此在计划执行过程中,当某些工作的进度由于某种原因提前或拖延时,不便于分析其对其他工作及总工期的影响程度,不利于建设工程施工进度的动态控制。

(2)不能明确地反映影响工期的关键工作和关键线路,从而无法反映整个工程项目的关键所在,因此不便于进度控制人员抓住主要矛盾。

(3)不能反映工作所具有的机动时间,使人看不到计划的潜力所在,无法进行最合理的组织和指挥。

(4)不能反映工程费用与工期之间的关系,因此不便于缩短工期和降低工程成本。特别是当工程项目规模大、工艺关系复杂时,横道图很难充分暴露矛盾。而且在横道计划的执行过程中,对其进行调整也是十分烦琐和费时的。由此可见,利用横道计划控制建设工程施工进度有较大的局限性。

4.2.1.2 网络图

建设工程施工进度计划用网络图来表示,可以使建设工程施工进度得到有效控制。实践证明,网络计划技术是控制建设工程施工进度最有效的工具。

(1)网络计划的种类。网络计划技术自 20 世纪 50 年代末诞生以来,已得到迅速发展和广泛应用,其种类也越来越多。一般情况下,建设工程施工进度控制主要应用确定型网络计划。

知识链接

网络计划可分为确定型和非确定型两类。如果网络计划中各项工作及其持续时间和各工作之间的相互关系都是确定的,就是确定型网络计划,否则就是非确定型网络计划。

(2)网络计划的特点。

①网络计划能够明确表达各项工作之间的逻辑关系。

②通过网络计划时间参数的计算,可以找出关键线路和关键工作。

③通过网络计划时间参数的计算,可以明确各项工作的机动时间。

④网络计划可以利用相关软件进行计算、优化和调整。

★4.2.2 建设工程施工进度计划的编制程序★

当应用网络计划技术编制建设工程施工进度计划时,其编制程序一般包括 4 个阶段和 10 个步骤,见表 4-1。

表 4-1　建设工程施工进度计划的编制程序

编制阶段	编制步骤	编制阶段	编制步骤
Ⅰ.计划准备阶段	1. 调查研究	Ⅲ.计算时间参数及确定关键线路阶段	6. 计算工作持续时间
	2. 确定网络计划目标		7. 计算网络计划时间参数
Ⅱ.绘制网络图阶段	3. 进行项目分解		8. 确定关键线路和关键工作
	4. 分析逻辑关系	Ⅳ.网络计划优化阶段	9. 优化网络计划
	5. 绘制网络图		10. 编制优化后的网络计划

4.2.2.1　计划准备阶段

1. 调查研究

调查研究的目的是掌握足够充分、准确的资料，从而为确定合理的进度目标、编制科学的进度计划提供可靠依据。

调查研究的内容包括以下几项：

(1)工程任务情况、实施条件、设计资料。

(2)有关标准、定额、规程、制度。

(3)资源需求与供应情况。

(4)资金需求与供应情况。

(5)有关统计资料、经验总结及历史资料等。

调查研究的方法有以下几种：

(1)实际观察、测算、询问。

(2)会议调查。

(3)资料检索。

(4)分析预测等。

2. 确定网络计划目标

网络计划的目标由工程项目的目标决定，一般可分为以下 3 类：

(1)时间目标。时间目标也即工期目标，是指建设工程合同中规定的工期或有关主管部门要求的工期。

工期目标的确定应以建筑设计周期定额和建筑安装工程工期定额为依据，同时，充分考虑类似工程实际进展情况、气候条件以及工程难易程度和建设条件的落实情况等因素。建设工程设计和施工进度安排必须以建筑设计周期定额和建筑安装工程工期定额为最高时限。

(2)时间-资源目标。所谓资源，是指在工程建设过程中所需要投入的劳动力、原材料及施工机具等。一般情况下，时间-资源目标可分为以下两类：

①资源有限，工期最短，即在一种或几种资源供应能力有限的情况下，寻求工期最短的计划安排。

②工期固定，资源均衡，即在工期固定的前提下，寻求资源需用量尽可能均衡的计划安排。

(3)时间-成本目标。时间-成本目标是指以限定的工期寻求最低成本或成本最低时的工期安排。

4.2.2.2 绘制网络图阶段

(1)进行项目分解。将工程项目由粗到细进行分解，是编制网络计划的前提。如何进行工程项目的分解，工作划分的粗细程度如何，将直接影响网络图的结构。对于控制性网络计划，其工作划分得应粗一些，而对于实施性网络计划，工作应划分得细一些。工作划分的粗细程度，应根据实际需要来确定。

(2)分析逻辑关系。分析各项工作之间的逻辑关系时，既要考虑施工程序或工艺技术过程，又要考虑组织安排或资源调配需要。对建设工程施工进度计划而言，分析其工作之间的逻辑关系时，应考虑：施工工艺的要求、施工方法和施工机械的要求、施工组织的要求、施工质量的要求、当地的气候条件、安全技术的要求。分析逻辑关系的主要依据是施工方案、有关资源供应情况和施工经验等。

(3)绘制网络图。根据已确定的逻辑关系，可按绘图规则绘制网络图，既可以绘制单代号网络图，也可以绘制双代号网络图，还可根据需要绘制双代号时标网络计划。

4.2.2.3 计算时间参数及确定关键线路阶段

(1)计算工作持续时间。工作持续时间是指完成该工作所花费的时间。其计算方法有多种，既可以凭以往的经验进行估算，也可以通过试验推算。当有定额可用时，还可利用时间定额或产量定额并考虑工作面及合理的劳动组织进行计算。

①时间定额。时间定额是指某种专业的工人班组或个人，在合理组织劳动与合理使用材料的条件下，完成符合质量要求的单位产品所必需的工作时间，包括准备与结束时间、基本生产时间、辅助生产时间、不可避免的中断时间及工人必需的休息时间。时间定额通常以工日为单位，每一工日按日小时计算。

②产量定额。产量定额是指在合理组织劳动与合理使用材料的条件下，某种专业、某种技术等级的工人班组或个人在单位工日中所应完成的质量合格的产品数量。产量定额与时间定额成反比，两者互为倒数。

对于搭接网络计划，还需要按最优施工顺序及施工需要，确定出各项工作之间的搭接时间。如果某些工作有时限要求，则应确定其时限。

(2)计算网络计划时间参数。网络计划是指在网络图上加注各项工作的时间参数而成的工作进度计划。网络计划时间参数一般包括工作最早开始时间、工作最早完成时间、工作最迟开始时间、工作最迟完成时间、工作总时差、工作自由时差、节点最早时间、节点最迟时间、相邻两项工作之间的时间间隔、计算工期等。应根据网络计划的类型及其使用要求选择上述时间参数。网络计划时间参数的计算方法有图上计算法、表上计算法、公式法等。

(3)确定关键线路和关键工作。在计算网络计划时间参数的基础上，可根据有关时间参数确定网络计划中的关键线路和关键工作。

4.2.2.4 网络计划优化阶段

(1)优化网络计划。当初始网络计划的工期满足所要求的工期及资源需求量能得到满足而无须进行网络优化时，初始网络计划即可作为正式的网络计划，否则，需要对初始网络计划进行优化。

根据所追求的目标不同，网络计划的优化包括工期优化、费用优化和资源优化3种。应根据工程的实际需要选择不同的优化方法。

（2）编制优化后的网络计划。根据网络计划的优化结果，可编制优化后的网络计划，同时编制网络计划说明书。网络计划说明书的内容应包括编制原则和依据、主要计划指标一览表、执行计划的关键问题、需要解决的主要问题与其主要措施，以及其他需要说明的问题。

任务 3　单位工程施工进度计划的编制

★4.3.1　单位工程施工进度计划的编制依据★

本内容已在项目 2 中进行了详细阐述，为了加深对知识的理解及掌握，现概括总结如下：单位工程施工进度计划是在既定施工方案的基础上，根据规定的工期和各种资源供应条件，对单位工程中的各分部分项工程的施工顺序、施工起止时间及衔接关系进行合理安排的计划。其主要编制依据有：施工总进度计划、单位工程施工方案、合同工期或定额工期、施工定额、施工图和施工预算、施工现场条件、资源供应条件、气象资料等。

★4.3.2　单位工程施工进度计划的编制步骤★

单位工程施工进度计划的编制步骤见表 4-2。

表 4-2　单位工程施工进度计划的编制步骤

序号	步骤	序号	步骤	序号	步骤
1	收集编制依据	4	计算工程量	7	绘制施工进度计划图
2	划分工作项目	5	计算劳动量和机械台班数	8	检查与调整施工进度计划
3	确定施工顺序	6	确定工作项目的持续时间	9	编制正式施工进度计划

下面主要介绍其中的 7 个步骤。

1. 划分工作项目

工作项目是包括一定工作内容的施工过程，它是施工进度计划的基本组成单元。工作项目内容的多少、划分的粗细程度，应该根据计划的需要来决定。对于大型建设工程，经常需要编制控制性施工进度计划，此时工作项目可以划分得粗一些，一般只明确到分部工程即可。如果编制实施性施工进度计划，工作项目就应划分得细一些。一般情况下，单位工程施工进度计划中的工作项目应明确到分项工程或更具体，以满足指导施工作业、控制施工进度的要求。

2. 确定施工顺序

确定施工顺序是为了按照施工的技术规律和合理的组织关系，解决各工作项目之间在时间上的先后和搭接问题，以达到保证质量、安全施工、充分利用空间、争取时间、合理安排工期的目的。

一般来说，施工顺序受施工工艺和施工组织两个方面的制约。当施工方案确定之后，工作项目之间的工艺关系也就随之确定。如果违背这种关系，将不可能施工，或者导致工程质量事故和安全事故的出现，或者造成返工浪费。

工作项目之间的组织关系是由劳动力、施工机械、材料和构配件等资源的组织和安排需要所形成的。它不是由工程本身决定的，而是一种人为的关系。组织方式不同，组织关系也就不同。不同的组织关系会产生不同的经济效果，应通过调整组织关系，并将工艺关系和组织关系有机地结合起来，形成工作项目之间的合理顺序关系。

不同的工程项目，其施工顺序不同。即使是同一类工程项目，其施工顺序也难以完全相同。因此，在确定施工顺序时，必须对工程的特点、技术组织要求以及施工方案等进行研究，不能拘泥于某种固定的顺序。

3. 计算工程量

工程量的计算应根据施工图和工程量计算规则，针对所划分的每一个工作项目进行。

当编制单位工程施工进度计划时已有预算文件，且工作项目的划分与单位工程施工进度计划一致时，可以直接套用施工预算的工程量，不必重新计算。若某些项目有出入，但出入不大，应结合工程的实际情况进行某些必要的调整。

特别提示

计算工程量时应注意以下问题：

(1)工程量的计算单位应与现行定额手册中所规定的计量单位一致，以便计算劳动力、材料和机械数量时直接套用定额，而不必进行换算。

(2)要结合具体的施工方法和安全技术要求计算工程量。例如，计算柱基土方工程量时，应根据所采用的施工方法(单独基坑开挖、基槽开挖还是大开挖)和边坡稳定要求(放边坡还是加支撑)进行计算。

(3)应结合施工组织的要求，按已划分的施工段分层分段进行计算。

4. 计算劳动量和机械台班数

当某工作项目是由若干个分项工程合并而成时，应分别根据各分项工程的时间定额(或产量定额)及工程量、合并后的综合时间定额(或综合产量定额)计算劳动量和机械台班数。

零星项目所需要的劳动量可结合实际情况，根据承包单位的经验进行估算。

由于水、暖、电、卫等工程通常由专业施工单位施工，因此，在编制单位工程施工进度计划时，不计算其劳动量和机械台班数，仅安排其与土建施工配合的进度。

5. 确定工作项目的持续时间

根据工作项目所需要的劳动量或机械台班数，以及该工作项目每天安排的工人数或配备的机械台班数，确定工作项目的持续时间。

特别提示

在安排每班工人数和机械台数时，应综合考虑以下问题：

(1)要保证各个工作项目上工人班组中每一个工人拥有足够的工作面(不能少于最小工作面)，以便高效率地施工并保证施工安全。

(2)要使各个工作项目上的工人数量不低于正常施工时所必需的最低限度(不能小于最小劳动组合)，以达到最高的劳动生产率。

由此可见，最小工作面限定了每班安排人数的上限，而最小劳动组合限定了每班安排人数的下限。对于施工机械台数的确定也是如此。

每天的工作班数应根据工作项目施工的技术要求和组织要求来确定。例如，浇筑大体积混凝土，要求不留施工缝连续浇筑时，必须根据混凝土工程量决定采用双班制或三班制。

以上是根据安排的工人数和配备的机械台班数来确定工作项目的持续时间，但有时根据组织要求（如组织流水施工时），需要采用倒排的方式来安排进度，即先确定各工作项目的持续时间，然后以此确定所需要的工人数和机械台班数。

6. 绘制施工进度计划图

绘制施工进度计划图时，首先应选择施工进度计划的表达形式。目前，常用来表达单位工程施工进度计划的方法有横道图和网络图。

7. 检查与调整施工进度计划

当施工进度计划初始方案编制好后，需要对其进行检查与调整，以便使施工进度计划更加合理，检查与调整施工进度计划的主要内容包括以下几项：

（1）各工作项目的施工顺序、平行搭接和技术间歇是否合理。
（2）总工期是否满足合同规定。
（3）主要工种的工人是否能满足连续、均衡施工的要求。
（4）主要机具、材料等的利用是否均衡和充分。

在上述4个方面中，首要的是前两个方面的检查，如果不满足要求，必须进行调整。只有在前两个方面均达到要求的前提下，才能进行后两个方面的检查与调整。前者是解决可行与否的问题，后者则是优化的问题。

任务 4　　建设工程施工进度计划实施中的检查与调整

★4.4.1　影响建设工程施工进度的因素★

影响建设工程施工进度的因素有很多，归纳起来，主要有以下几个方面。

1. 工程建设相关单位的影响

影响建设工程施工进度的单位不只是施工承包单位。事实上，只要是与工程建设有关的单位（如政府部门，业主，设计单位，物资供应单位，资金贷款单位，以及运输、通信、供电部门等），其工作进度的拖后必将对施工进度产生影响。因此，控制施工进度仅考虑工程承包单位是不够的，必须充分发挥监理的作用，协调各相关单位之间的进度关系。而对于无法进行协调控制的进度关系，在进度计划的安排中应留有足够的机动时间。

2. 物资供应进度的影响

施工过程中需要的材料、构配件、机具和设备等如果不能按期运抵施工现场或者运抵施工现场后发现其质量不符合有关标准的要求，都会对施工进度产生影响。因此，监理工程师应严格把关，采取有效的措施控制好物资供应进度。

3. 资金的影响

工程施工的顺利进行必须有足够的资金作保障。一般来说，资金的影响主要来自业主，或者没有及时给足工程预付款，或者拖欠了工程进度款，这些都会影响承包单位流动资金的周转，进而影响施工进度。监理工程师应根据业主的资金供应能力，安排好施工进度计划，并督促业主及时拨付工程预付款和工程进度款，以免因资金供应不足拖延进度，导致工期索赔。

4. 设计变更的影响

在施工过程中出现设计变更是难免的，或者由于原设计有问题需要修改，或者由于业主提出了新的要求。监理工程师应加强对图纸的审查，严格控制随意变更，特别应对业主的变更要求进行制约。

5. 施工条件的影响

在施工过程中一旦遇到气候、水文、地质及周围环境等方面的不利因素，必然会影响施工进度。此时，承包单位应利用自身的技术组织能力予以克服。监理工程师应积极疏通关系，协助承包单位解决其不能解决的问题。

6. 各种风险因素的影响

风险因素包括政治、经济、技术及自然等方面的各种可预见或不可预见的因素。政治方面的因素有战争、内乱、罢工、拒付债务、制裁等；经济方面的因素有延迟付款、汇率浮动、换汇控制、通货膨胀、分包单位违约等；技术方面的因素有工程事故、试验失败、标准变化等；自然方面的有地震、洪水等。监理工程师必须对各种风险因素进行分析，提出控制风险、减少风险损失及影响施工进度的措施，并对发生的风险事件给予恰当的处理。

7. 承包单位自身管理水平的影响

施工现场的情况千变万化，承包单位的施工方案不当、计划不周、管理不善、解决问题不及时等，都会影响建设工程的施工进度。承包单位应通过分析、总结，吸取教训，及时改进。而监理工程师应提供服务，协助承包单位解决问题，以确保施工进度控制目标的实现。

正是由于上述因素的影响，施工阶段的进度控制显得非常重要。在施工进度计划的实施过程中，监理工程师一旦掌握了工程的实际进展情况以及产生问题的原因，其影响是可以得到控制的。当然，上述某些影响因素（如自然灾害等）无法避免，但在大多数情况下，其损失可以通过有效的进度控制得到弥补。

★4.4.2 施工进度动态检查★

在施工进度计划的实施过程中，由于各种因素的影响，原始计划的安排常常会被打乱而出现进度偏差。因此，监理工程师必须对施工进度计划的执行情况进行动态检查，并分析进度偏差产生的原因，以便为施工进度计划的调整提供必要的信息。

4.4.2.1 施工进度的检查方式

在建设工程施工过程中，监理工程师可以通过以下方式获得其实际进展情况：

(1)定期地、经常地收集由承包单位提交的有关进度报表资料。工程施工进度报表资料不仅是监理工程师实施进度控制的依据，也是其核对工程进度款的依据。一般情况下，进度报表格式由监理单位提供给施工承包单位，施工承包单位按时填写完后提交给监理工程师核查。报表的内容根据施工对象及承包方式的不同而有所区别，但一般应包括工作的开始时间、完成时间、持续时间、逻辑关系、实物工程量和工作量，以及工作时差的利用情况等。承包单位若能准确地填报进度报表，监理工程师就能从中了解到建设工程的实际进展情况。

（2）由驻地监理人员现场跟踪检查建设工程的实际进展情况。为了避免施工承包单位超报已完工程量，驻地监理人员有必要进行现场实地检查和监督。至于每隔多长时间检查一次，应视建设工程的类型、规模、监理范围及施工现场的条件等多方面的因素而定。可以每月或每半月检查一次，也可每旬或每周检查一次。当某一施工阶段出现不利情况时，甚至需要每天检查。

除上述两种方式外，由监理工程师定期组织现场施工负责人召开现场会议，也是获得建设工程实际进展情况的一种方式。通过这种面对面的交谈，监理工程师可以从中了解到施工过程中的潜在问题，以便及时采取相应的措施加以预防。

4.4.2.2 施工进度的检查方法

施工进度计划的比较，主要是针对施工实际进度与计划进度的对比，找出两者之间的偏差，以便分析原因，采取调整措施。常用的比较方法有以下几种。

1. 横道图比较法

横道图比较法是将项目实施过程中检查实际进度收集到的数据，经加工整理后直接用横道图平行绘制于原计划的横道线处，进行实际进度与计划进度的比较。采用横道图比较法，可以形象、直观地反映实际进度与计划进度的比较情况。一般把实际进度绘在原横道进度的旁边进行比较，如图4-1所示。

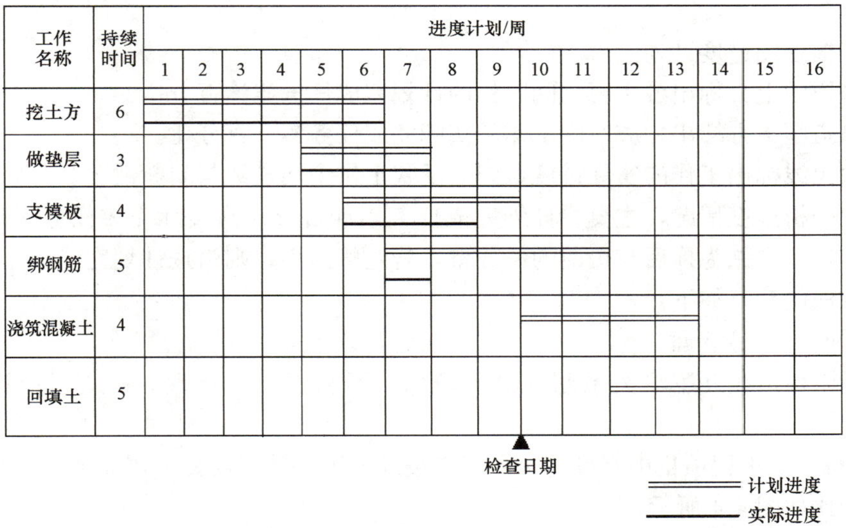

图4-1 进度计划的横道图比较

在第九周末检查进度情况：

挖土方、做垫层两项正常，支模板应该全部完成，但任务量拖欠25%；绑钢筋按计划应完成60%，实际只完成20%，任务拖欠40%。

假设工作匀速进展，具体还可采用以下方式：

（1）匀速进展横道图比较。工作量与时间进程成正比例，如图4-2所示。一般步骤如下：

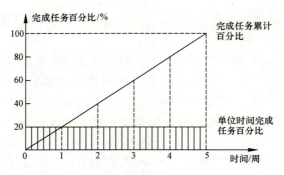

图 4-2 工作量与时间进程关系

①编制横道图进度计划。
②在进度计划上标出检查日期。
③标注按比例的实际进度线(一般涂黑表示)。
④对比分析实际进度与计划进度(图 4-3)。

图 4-3 实际进度与计划进度的关系

(2)非匀速进展横道图比较法。除绘制实际进度线外,还要绘制应完成的进度线进行比较。步骤如下:

①编制横道图进度计划。
②在横道图上方标出各主要时间工作的计划完成任务累计百分比。
③在横道图下方标出相应时间工作的实际完成任务累计百分比。
④用涂黑线标出工作的实际进度,同时反映工作中的连续与间断情况。
⑤比较分析进度情况,主要看计划完成任务累计百分比与实际完成任务累计百分比的大小情况,二者之差为拖后与提前的任务量,若差值为零,则为按计划完成。

这种方法的特点如下:
①简单明了,易掌握。
②有局限性,相互逻辑关系制约显示较弱,不利于动态管理,只适用于计划的局部比较。

【例 4-1】 某工程项目中基槽挖土方工作按施工进度计划需要 7 周完成,每周计划完成任务量百分比如图 4-4 所示。

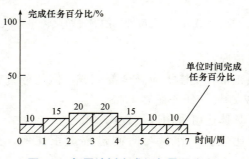

图 4-4 每周计划完成任务量百分比

【解】 (1)编制横道图进度,并统计计划完成任务累计百分比及实际完成任务累计百分比,如图4-5所示。

(2)进行分析。实际开始时间晚于计划开始时间,1~4周实际完成进度均拖后,经分析,各周拖后量值各为2%、3%、3%及5%。

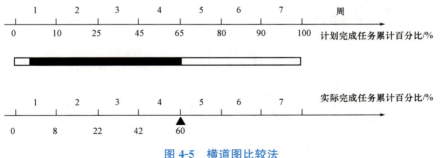

图 4-5 横道图比较法

2. S曲线比较法

S曲线比较法是以横坐标表示时间,以纵坐标表示累计完成任务量,绘制一条按计划时间累计完成任务量的S曲线,然后将工程项目实施过程中各检查时间实际累计完成任务量的S曲线也绘制在同一坐标系中,进行实际进度与计划进度比较的一种方法。

【例4-2】 某混凝土工程的浇筑总量为 2 000 m³,按照施工方案,计划9个月完成,每月计划完成的混凝土浇筑量如图4-6所示,请绘制该混凝土工程的计划S曲线。

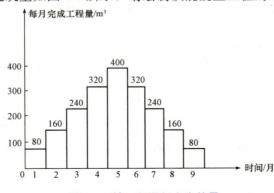

图 4-6 某工程混凝土浇筑量

【解】 (1)根据已知条件计算每月计划完成量及累计完成量,见表4-3。

表 4-3 每月计划完成量及累计完成量

时间/月	1	2	3	4	5	6	7	8	9
每月计划完成量/m³	80	160	240	320	400	320	240	160	80
累计完成量/m³	80	240	480	800	1 200	1 520	1 760	1 920	2 000

(2)根据以上完成量值绘制S曲线(图4-7)。

在工程中,可以按照以上方法,分别绘制出计划进度与实际进度的S曲线,把它们叠加在同一个坐标系中,以便分析进度情况,如图4-8所示。

①工程实际进展情况:实际位于计划左边时(a点),表示超前;实际位于计划右边时(b

点），表示拖后；实际位于交点处时，表示按计划进行。

②工程实际进度超前或拖后的时间：ΔT_a 为超前时间，ΔT_b 为拖后时间。

③工程项目超额完成或拖欠的任务量：Q_a 为超额完成的任务量，Q_b 为拖欠的任务量。

④后期工程进展预测：工期拖延预测值为 ΔT。

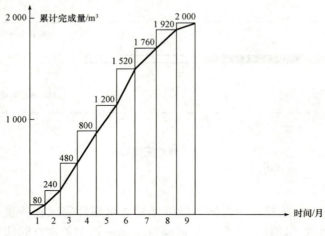

图 4-7 某混凝土工程 S 曲线

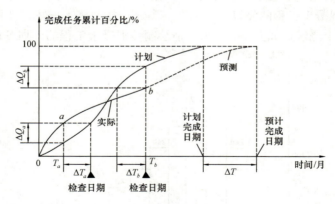

图 4-8 S 曲线比较法

3. 香蕉曲线比较法

香蕉曲线是由两条 S 曲线组合而成的闭合曲线（图 4-9）。由 S 曲线比较法可知，工程项目累计完成的任务量与计划时间的关系，可以用一条 S 曲线表示。对于一个工程项目的网络计划来说，如果以其中各项工作的最早开始时间安排进度绘制 S 曲线，称为 ES 曲线；如果以其中各项工作的最迟开始时间安排进度绘制 S 曲线，称为 LS 曲线。两条 S 曲线具有共同的起点和终点，形成的闭合曲线形似"香蕉"，故称为香蕉曲线。一般情况下，ES 曲线上的各点均落在 LS 曲线的相应点的左侧

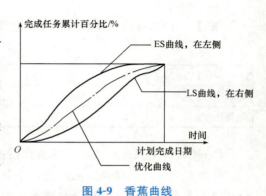

图 4-9 香蕉曲线

（起点和终点除外）。

(1)香蕉曲线比较法的作用。

①合理安排工程项目进度计划：在香蕉曲线范围内优化曲线——点画线位置曲线。

②定期比较工程项目的实际进度与计划进度：以香蕉曲线为界判断计划提前还是拖后——在 ES 曲线左侧提前，在 LS 曲线右侧拖后。

③预测后期工程的进展趋势。

香蕉曲线的比较如图 4-10 所示。

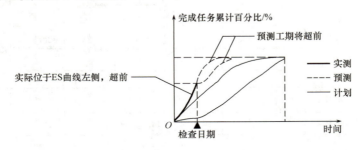

图 4-10　香蕉曲线比较

(2)香蕉曲线的绘制步骤。

①计算网络图的 ES 及 LS 时间参数。

②确定各工作的单位时间计划完成任务量：

a. 确定按 ES 工作的单位时间计划完成任务量。

b. 确定按 LS 工作的单位时间计划完成任务量。

③计算工程项目总任务量。

④分别按 ES 量及 LS 量求和。

⑤求各自的完成任务百分比。

⑥按上述结果绘制 ES 及 LS 曲线，形成香蕉曲线。

【例 4-3】　某工程网络计划如图 4-11 所示，图中箭线上方括号内数字表示各项工作计划完成的任务量，以劳动消耗量表示；箭线下方数字表示各项工作的持续时间(周)，请绘制香蕉曲线。

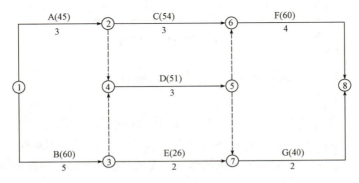

图 4-11　某工程网络计划

【解】　假设工作匀速进展：

①确定工作每周劳动消耗量，求均匀量：$A=45\div3=15$，其余略。

②计算工程劳动消耗总量：$Q=45+60+54+51+26+60+40=336$。
③绘制 ES 时标网络图，并统计各劳动消耗量，如图 4-12 所示。

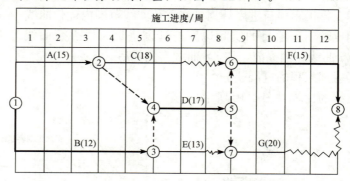

图 4-12　ES 时标网络图

④绘制 LS 时标网络图，并统计各劳动消耗量，如图 4-13 所示。

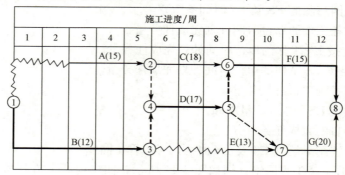

图 4-13　LS 时标网络图

⑤根据以上计算结果绘制香蕉曲线，如图 4-14 所示。

4. 前锋线比较法

前锋线比较法，就是将收集整理后的施工项目实际进度以一定的形式标注在原始网络图的计划进度旁边，对施工实际进度和计划进度对比分析。一般可运用双代号或单代号网络图的普通形式，也可采用双代号时标网络图的形式。此内容已在项目 1 中详细阐述。

知识链接

工作实际进度前锋点的标定有以下两种方法：

(1) 按已完的工程实物量来标定。假定每项工作的持续时间与其工程量成正比，则箭线长度也与工程量成正比。

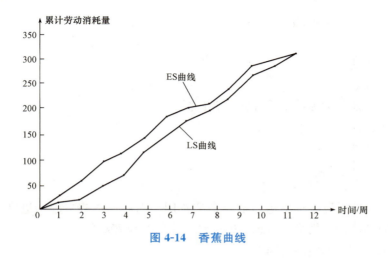

图 4-14 香蕉曲线

(2) 按尚需工作时间来标定。有些工作的持续时间难以按工程量来计算，只能根据经验或用其他办法估算。

5. 列表比较法

列表比较法用于非时标网络图。该法是记录检查日期应该进行的工作名称及其作业的时间，然后列表计算有关时间参数，并根据工作总时差进行实际进度与计划进度比较的方法。

★4.4.3　施工进度计划调整★

通过检查分析，发现原有施工进度计划已不能适应实际情况时，为了确保进度控制目标的实现或需要确定新的计划目标时，就必须对原有施工进度计划进行调整，以形成新的施工进度计划，作为进度控制的新依据。

施工进度计划的调整方法主要有两种：一种是通过缩短某些工作的持续时间来缩短工期；另一种是通过改变某些工作间的逻辑关系来缩短工期。在实际工作中，应根据具体情况选用上述方法进行施工进度计划的调整。

1. 缩短某些工作的持续时间

缩短某些工作的持续时间的特点是不改变工作之间的先后顺序关系，通过缩短网络计划中关键线路上工作的持续时间来缩短工期。这时，通常需要采取一定的措施来达到目的。

具体措施包括以下几项：

(1) 组织措施。

①增加工作面，组织更多的施工队伍。

②增加每天的施工时间(如采用三班制等)。

③增加劳动力和施工机械的数量。

(2) 技术措施。

①改进施工工艺和施工技术，缩短工艺技术间歇时间。

②采用更先进的施工方法，以减少施工过程的数量(如将现浇框架方案改为预制装配方案)。

③采用更先进的施工机械。

(3)经济措施。

①实行包干奖励。

②提高奖金数额。

③对所采取的技术措施给予相应的经济补偿。

(4)其他配套措施。

①改善外部配合条件。

②改善劳动条件。

③实施强有力的调度等。

一般来说,无论采取哪种措施,都会增加费用。因此,在调整施工进度计划时,应利用费用优化的原理选择费用增加量最小的关键工作作为压缩对象。

2. 改变某些工作间的逻辑关系

改变某些工作间的逻辑关系的特点是在不改变工作的持续时间和不增加各种资源总量的情况下,通过改变工作之间的逻辑关系来完成施工进度计划的调整。工作之间的逻辑关系有依次关系、平行关系和搭接关系3种。通过调整施工的技术方法和组织方法,应尽可能将依次施工改为平行施工或搭接施工,从而纠正偏差、缩短工期。同时,施工项目单位时间内的资源需求量将会增加。对于中小型项目来说,由于受工作之间工艺关系的限制,可调整的幅度较小,通常用搭接作业的方法来调整施工进度计划;而对于大型项目,由于其单位工程较多且相互的制约比较小,可调整的范围比较大,所以,一般采用平行作业的方法来调整施工进度计划。

除分别采用上述两种方法来缩短工期外,有时由于工期拖延得太多,当采用某种方法进行调整,其可调整的幅度又受到限制时,还可以同时利用这两种方法对同一施工进度计划进行调整,以满足工期目标的要求。

任务 5　　建设工程施工阶段进度控制

施工阶段是建设工程实体的形成阶段,对其进度实施控制是建设工程施工进度控制的重点。

做好施工进度计划与项目建设总进度计划的衔接,并跟踪检查施工进度计划的执行情况,在必要时对施工进度计划进行调整,对于建设工程施工进度控制总目标的实现具有十分重要的意义。

监理工程师受业主的委托在建设工程施工阶段实施监理时,其进度控制的总任务就是在满足工程项目建设总进度计划要求的基础上,编制或审核施工进度计划,并对其执行情况加以动态控制,以保证工程项目按期竣工交付使用。

★4.5.1　施工进度控制目标体系★

保证工程项目按期建成交付使用,是建设工程施工进度控制的最终目的。为了有效地控制施工进度,首先要将施工进度总目标从不同角度进行层层分解,形成施工进度控制目标体系，从而作为实施进度控制的依据。

知识链接

根据施工进度控制的需要，施工进度控制目标体系可按以下方式分解：

(1) 按项目组成分解，确定各单位工程开工和交工动用日期。各单位工程的进度目标在工程项目建设总进度计划及建设工程年度计划中都有体现。在施工阶段应进一步明确各单位工程的开工和交工动用日期，以确保施工总进度目标的实现。

(2) 按承包单位分解，明确分工条件和承包责任。在一个单位工程中有多个承包单位参加施工时，应按承包单位将单位工程的进度目标分解，确定出各分包单位的进度目标，列入分包合同，以便落实分包责任，并根据各专业工程交叉施工方案和前后衔接条件，明确不同承包单位工作面交接的条件和时间。

(3) 按施工阶段分解，划定进度控制分界点。根据工程项目的特点，将其施工分成几个阶段，如土建工程可分为基础，结构和内、外装修阶段。每一阶段的起止时间都要有明确的标志。特别在不同单位承包的不同施工段之间，更要明确划定时间分界点，以此作为形象进度的控制标志，从而使单位工程动用目标具体化。

(4) 按计划期分解，组织综合施工。将工程项目的施工进度控制目标按年度、季度、月（或旬）进行分解，并用实物工程量、货币工作量及形象进度表示，将更有利于监理工程师明确对各承包单位的进度要求。同时，还可以据此监督其实施，检查其完成情况。计划期越短，进度目标越细，进度跟踪就越及时，发生进度偏差时也就更能有效地采取措施予以纠正。这样，就形成一个有计划、有步骤协调施工、长期目标对短期目标自上而下逐级控制、短期目标对长期目标自下而上逐级保证、逐步趋近进度总目标的局面，最终达到工程项目按期竣工交付使用的目的。

★4.5.2 施工进度控制目标的确定★

为了提高施工进度计划的预见性和进度控制的主动性，在确定施工进度控制目标时，必须全面细致地分析与建设工程施工进度有关的各种有利因素和不利因素。只有这样，才能制订一个科学、合理的施工进度控制目标。确定施工进度控制目标的主要依据有：建设工程总进度目标对施工工期的要求，工期定额、类似工程项目的实际进度，工程难易程度和工程条件的落实情况等。

特别提示

在确定施工进度分解目标时，还要考虑以下几个方面：

(1) 对于大型建设工程项目，应根据尽早提供可动用单元的原则，集中力量分期分批建设，以便尽早投入使用，尽快发挥投资效益。这时，为保证每一动用单元能形成完整的生产能力，就要考虑这些动用单元交付使用时所必需的全部配套项目。因此，要处理好前期动用和后期建设的关系、每期工程中主体工程与辅助及附属工程之间的关系等。

(2) 合理安排土建与设备的综合施工。要按照它们各自的特点，合理安排土建施工与设备基础、设备安装的先后顺序及搭接、交叉或平行作业，明确设备工程对土建工程的要求和土建工程为设备工程提供施工条件的内容及时间。

(3) 结合本工程的特点，参考同类建设工程的经验来确定施工进度控制目标。避免只按主观愿望盲目确定施工进度控制目标，从而在实施过程中造成进度失控。

(4)做好资金供应能力、施工力量配备、物资(材料、构配件、设备)供应能力与施工进度的平衡工作,确保施工进度控制目标的实现。

(5)考虑外部协作条件的配合情况。这些情况包括施工过程及项目竣工动用所需的水、电、气、通信、道路及其他社会服务项目的满足程序和满足时间。它们必须与有关项目的进度目标协调。

(6)考虑工程项目所在地区地形、地质、水文、气象等方面的限制条件。

总之,要想对工程项目的施工进度实施控制,就必须有明确、合理的进度目标(进度总目标和进度分目标)。

★4.5.3 施工进度控制工作内容★

建设工程施工进度控制工作从审核承包单位提交的施工进度计划开始,直至建设工程保修期满为止,其工作内容主要有以下几项。

1. 编制施工进度控制工作细则

施工进度控制工作细则是在建设工程监理规划的指导下,由项目监理班子中进度控制部门的监理工程师负责编制的更具有实施性和操作性的监理业务文件,其主要内容包括以下几项:

(1)施工进度控制目标分解图。

(2)施工进度控制的主要工作内容和深度。

(3)施工进度控制人员的职责分工。

(4)与施工进度控制有关各项工作的时间安排及工作流程。

(5)施工进度控制的方法(包括进度检查周期、数据采集方式、进度报表格式、统计分析方法等)。

(6)施工进度控制的具体措施(包括组织措施、技术措施、经济措施及合同措施等)。

(7)施工进度控制目标实现的风险分析。

(8)尚待解决的有关问题。

2. 编制或审核施工进度计划

为了保证建设工程的施工任务按期完成,监理工程师必须审核承包单位提交的施工进度计划。对于大型建设工程,当单位工程较多、施工工期长,且采取分期分批发包又没有一个负责全部工程的总承包单位时,就需要监理工程师编制施工总进度计划;当建设工程由若干个承包单位平行承包时,监理工程师也有必要编制施工总进度计划。施工总进度计划应确定分期分批的项目组成;各批工程项目的开工、竣工顺序及时间安排;全场性准备工程,特别是首批准备工程的内容与进度安排等。

当建设工程有总承包单位时,监理工程师只需对总承包单位提交的施工总进度计划进行审核即可。对于单位工程施工进度计划,监理工程师只负责审核而不需要编制。

特别提示

施工进度计划审核的内容主要有以下几项:

(1)进度安排是否符合工程项目建设总进度计划中总目标和分目标的要求,是否符合施工合同中开工、竣工日期的规定。

(2)施工总进度计划中的项目是否有遗漏,分期施工是否满足分批动用的需要和配套动用的要求。

(3) 施工顺序的安排是否符合施工工艺的要求。

(4) 劳动力、材料、构配件、设备及施工机具、水、电等生产要素的供应计划是否能保证施工进度计划的实现，供应是否均衡，需求高峰期是否有足够能力实现计划供应。

(5) 总包、分包单位分别编制的各项单位工程施工进度计划之间是否协调，专业分工与计划衔接是否明确合理。

(6) 对于业主负责提供的施工条件(包括资金、施工图纸、施工场地、采购的物资等)，在施工进度计划中安排得是否明确、合理，是否有造成业主违约导致工程延期和费用索赔的可能存在。

如果监理工程师在审查施工进度计划的过程中发现问题，应及时向承包单位提出书面修改意见(也称整改通知书)，并协助承包单位进行修改。其中的重大问题应及时向业主汇报。

应当说明，编制和实施施工进度计划是承包单位的责任。承包单位之所以将施工进度计划提交给监理工程师审查，是为听取监理工程师的建设性意见。因此，监理工程师对施工进度计划的审查或批准，并不解除承包单位对施工进度计划的任何责任和义务。另外，对监理工程师来说，其审查施工进度计划的主要目的是防止承包单位计划不当，以及为承包单位保证实现合同规定的进度目标提供帮助。如果强制地干预承包单位的进度安排，或支配施工中所需要劳动力、设备和材料，是一种不恰当的行为。

尽管承包单位向监理工程师提交施工进度计划是为了听取建设性意见，但施工进度计划一经监理工程师确认，即应当视为合同文件的一部分，它是以后处理承包单位提出的工程延期或费用索赔的一个重要依据。

3. 按年、季、月编制工程综合计划

在按计划期编制的进度计划中，监理工程师应着重解决各承包单位施工进度计划之间、施工进度计划与资源(包括资金、设备、机具、材料及劳动力)保障计划之间及外部协作条件的延伸性计划之间的综合平衡与相互衔接问题，并根据上期计划的完成情况对本期计划进行必要的调整，从而作为承包单位近期执行的指令性计划。

4. 下达工程开工令

监理工程师应根据承包单位和业主双方关于工程开工的准备情况，选择合适的时机下达工程开工令。工程开工令的下达要尽可能及时，因为从下达工程开工令之日算起，加上合同工期即工程竣工日期。如果开工令下达延误，就等于推迟了竣工时间，甚至可能引起承包单位的索赔。

为了检查双方的准备情况，监理工程师应参加由业主主持召开的第一次工地会议。业主应按照合同规定做好征地拆迁工作，及时提供施工用地。同时，还应当完成法律及财务方面的手续，以便能及时向承包单位支付工程预付款。承包单位应当将开工所需要的人力、材料及设备做好准备，同时，还要按合同规定为监理工程师提供各种条件。

5. 协助承包单位实施施工进度计划

监理工程师要随时了解施工进度计划执行过程中所存在的问题，并帮助承包单位予以解决，特别是承包单位无力解决的内外关系协调问题。

6. 监督施工进度计划的实施

监督施工进度计划的实施是建设工程施工进度控制的经常性工作。监理工程师不仅要及时检查承包单位报送的施工进度报表和分析资料，还要进行必要的现场实地检查，核实所报送的已完项目的时间及工程量，杜绝虚报现象。

在对工程实际进度资料进行整理的基础上，监理工程师应将其与计划进度相比较，以判定实际进度是否出现偏差。如果出现进度偏差，监理工程师应进一步分析此偏差对进度控制目标的影响程度及其产生的原因，以便研究对策、提出纠偏措施。必要时还应对后期工程进度计划进行适当的调整。

7. 组织现场协调会

监理工程师应每月、每周定期组织召开不同层级的现场协调会，以解决工程施工过程中的相互协调配合问题。在每月召开的高级协调会上通报工程项目建设的重大变更事项，协商其后果处理，解决各个承包单位之间以及业主与承包单位之间的重大协调配合问题；在每周召开的管理层协调会上，通报各自的进度状况、存在的问题及下周的安排，解决施工中的相互协调配合问题。这些问题通常包括：各承包单位之间的进度协调问题，工作面交接和阶段成品保护责任问题，场地与公用设施利用中的矛盾问题，某一方面断水、断电、断路、开挖要求对其他方面影响的协调问题，以及资源保障、外协条件配合问题等。

在平行、交叉施工单位多，工序交接频繁且工期紧迫的情况下，现场协调会甚至需要每日召开。在会上通报和检查当天的工程进度，确定薄弱环节，部署当天的赶工任务，以便为次日的正常施工创造条件。

对于某些未曾预测到的突发变故或问题，监理工程师还可以通过发布紧急协调指令，督促有关单位采取应急措施维护施工的正常秩序。

8. 签发工程进度款支付凭证

监理工程师应对承包单位申报的已完分项工程量进行核实，在质量监理人员检查验收后，签发工程进度款支付凭证。

9. 审批工程延期

造成工程进度拖延的原因有两个方面：一方面是承包单位自身的原因；另一方面是承包单位以外的原因。前者所造成的进度拖延称为工程延误；后者所造成的进度拖延称为工程延期。

特别提示

（1）工程延误。当出现工程延误时，监理工程师有权要求承包单位采取有效措施加快施工进度。如果经过一段时间后，实际进度没有明显改进，仍然拖后于计划进度，而且显然影响工程按期竣工，监理工程师应要求承包单位修改进度计划，并提交监理工程师重新确认。

监理工程师对修改后的施工进度计划的确认，并不是对工程延期的批准，而只是要求承包单位在合理的状态下施工。因此，监理工程师对进度计划的确认，并不能解除承包单位应负的一切责任，承包单位需要承担赶工的全部额外开支和误期损失赔偿。

（2）工程延期。如果承包单位以外的原因造成工期拖延，承包单位有权提出延长工期的申请。监理工程师应根据合同规定，审批工程延期时间。经监理工程师核实批准的工程延期时间应纳入合同工期，作为合同工期的一部分，即新的合同工期应等于原定的合同工期加上监理工程师批准的工程延期时间。

监理工程师是否将施工进度的拖延批准为工程延期，对承包单位和业主都十分重要。如果承包单位得到监理工程师批准的工程延期，不仅可以不赔偿由于工期延长而支付的误期损失费，而且还要由业主承担由于工期延长而增加的费用。因此，监理工程师应按照合同的有关规定，公正地区分工程延误和工程延期，并合理地批准工程延期时间。

10. 向业主提供进度报告

监理工程师应随时整理进度资料，并做好工程记录，定期向业主提交工程进度报告。

11. 督促承包单位整理技术资料

监理工程师要根据工程进展情况，督促承包单位及时整理有关技术资料。

12. 签署工程竣工报验单、提交质量评估报告

当单位工程达到竣工验收条件后，承包单位在自行预验的基础上提交工程竣工报验单，申请竣工验收。监理工程师在对竣工资料及工程实体进行全面检查、验收合格后，签署工程竣工报验单，并向业主提出质量评估报告。

13. 整理工程进度资料

在工程完工以后，监理工程师应将工程进度资料收集起来，进行归类、编目和建档，以便为今后其他类似工程项目的施工进度控制提供参考。

14. 移交工程

监理工程师应督促承包单位办理工程移交手续，颁发工程移交证书。在工程移交后的保修期内，还要处理验收后质量问题的原因及责任等争议问题，并督促责任单位及时修理。当保修期结束且再无争议时，建设工程施工进度控制的任务即告完成。

案例分析

【案例一】

某施工单位(乙方)与某建设单位(甲方)签订了建造无线发射塔实验基地的施工合同。合同工期为38 d。由于该项目急于投入使用，在合同中规定，工期提前(或拖后)1 d奖(罚)5 000元。乙方按时提交了施工方案和施工网络进度计划并取得了甲方的同意，如图4-15所示。

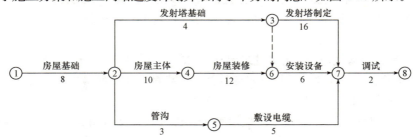

图4-15　发射塔实验基地工程施工网络进度计划(单位：d)

在实际施工过程中，发生了如下几项事件：

事件1：在房屋基槽开挖后，发现局部有软弱下卧层。按甲方代表指示，乙方配合地质复查，配合用工10个工日。地质复查后，根据甲方代表批准的地基处理方案，增加费用4万元，因地基复查和处理，房屋基础施工延长3 d，人工"窝工"15个工日。

事件 2：在发射塔基础施工时，因发射塔坐落位置的设计尺寸不当，甲方代表要求修改设计，拆除已施工的基础，重新定位施工。由此造成工程费用增加 1.5 万元，发射塔基础施工延长 2 d。

事件 3：在房屋主体施工中，施工机械故障造成工人"窝工"8 个工日，房屋主体施工延长 2 d。

事件 4：在敷设电缆时，因乙方购买的电缆质量不合格，甲方代表令乙方重新购买合格的电缆，由此造成敷设电缆施工延长 4 d，产生材料损失费 1.2 万元。

事件 5：鉴于该工程工期较紧，乙方在房屋装修过程中采取了加快施工的技术措施，使房屋装修施工缩短 3 d，该项技术措施费为 0.9 万元。

其余各项工作持续时间和费用均与原计划相符。

问题：

(1)在上述事件中，乙方可以就哪些事件向甲方提出工期补偿和(或)费用补偿要求？为什么？

(2)该工程的实际工期为多少天？可得到的工期补偿为多少天？

(3)假设工程所在地人工费标准为 30 元/工日，应由甲方给予补偿的"窝工"人工费补偿标准为 18 元/工日，间接费、利润等均不予补偿，则在该工程中，乙方可得到的合理费用补偿有哪几项？费用补偿额为多少元？

【解】 问题(1)：

事件 1：可以提出费用补偿及工期补偿要求，因为地质条件变化是属于甲方应承担的责任，且房屋基础工作位于关键线路上。

事件 2：可以提出费用补偿及工期补偿要求，因为发射塔设计位置变化是甲方的责任，由此增加的费用应由甲方承担，但该项工作拖延 2 d，没有超出总时差 8 d，所以工期补偿为 0 d。

事件 3：不能提出费用补偿及工期补偿要求，因为施工机械故障属于乙方应承担的责任。

事件 4：不能提出费用补偿及工期补偿要求，因为乙方应该对自己购买的材料质量和完成的产品质量负责。

事件 5：不能提出补偿要求，因为通过采取施工技术措施使工期提前，可按合同规定的工期奖罚办法处理，因赶工期发生的施工技术措施费应由乙方承担。

问题(2)：

(1)该工程施工网络进度计划的关键线路为 1—2—4—6—7—8，计划工期为 38 d，与施工合同工期相符。将所有工作持续时间均以实际持续时间代替，关键线路不变，实际工期为：38＋3＋2－3＝40(d)[或 11＋12＋9＋6＋2＝40(d)]。

(2)将所有由甲方负责的工作的持续时间延长数加到原计划相应工作的持续时间上，关键线路不变，工期为 41 d，可得到工期补偿天数为 3 d。

问题(3)：

在该工程结算时，乙方得到的合理的费用补偿如下：

(1)由事件 1 引起增加的工人费用：

配合用工：10×30＝300(元)；

"窝工"费：15×18＝270(元)；

合计：570(元)。

(2)由事件 1 引起增加的工程费用＝(折算为天)：40 000 d。
(3)由事件 2 引起增加的工程费用＝(折算为天)：15 000 d。
(4)工期提前奖＝(折算为天)：(41－40)×5 000＝5 000(d)。
所以，该工程结算时，乙方可得到的合理的费用补偿总额为

$$570＋40\,000＋15\,000＋5\,000＝60\,570(元)$$

【案例二】

某承包商建一基础设施项目，其施工网络进度计划如图 4-16 所示。

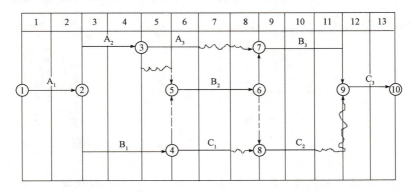

图 4-16　施工网络进度计划(时间单位：月)

工程进行到第 5 个月月末检查时，A_2 工作刚好完成，B_1 工作已进行 1 个月。

在施工过程中发生了如下事件：

事件 1：A_1 工作施工半个月，发现业主提供的地质资料不准确，经与业主、设计单位协商确认，对原设计进行变更，设计变更后工程量没有增加，但承包商提出以下索赔：设计变更使 A_1 工作施工时间增加 1 个月，故要求将原合同工期延长 1 个月。

事件 2：工程施工到第 6 个月，遭受飓风袭击，造成相应的损失，承包商及时向业主提出费用索赔及工期索赔，经业主工程师审核后的内容如下：

(1)部分已建工程遭受不同程度的破坏，费用损失 30 万元。

(2)在施工现场承包商用于施工的机械受到损失，造成损失 5 万元；工程上待安装设备(承包商供应)损坏，造成损失 1 万元；

(3)现场停工造成机械台班损失 3 万元、人工"窝工"费 2 万元。

(4)施工现场承包商使用的临时设施损坏，造成损失 1.5 万元；业主使用的临时用房损坏，修复费用为 1 万元。

(5)灾害造成施工现场停工 0.5 个月，索赔工期 0.5 个月；

(6)灾后清理施工现场，恢复施工需用 3 万元。

事件 3：A_3 工作施工过程中由于业主供应的材料没有及时到场，该工作延长 1.5 个月，发生人工"窝工"费和机械闲置费用 4 万元(有签证)。

问题：

(1)不考虑施工过程中发生的各种事件的影响，在图上标出第 5 个月月末的实际进度前锋线，并判断如果后续工作按原计划执行，工期将为几个月？

(2)指出事件 1 中承包商的索赔是否成立并说明理由。

(3)指出事件 2 中承包商的索赔是否成立并说明理由。

(4)除事件1引起的索赔费用外,承包商可得到的索赔费用是多少?合同工期可延长多少时间?

【解】 问题(1):
第5个月月末的实际进度前锋线如图4-17所示。

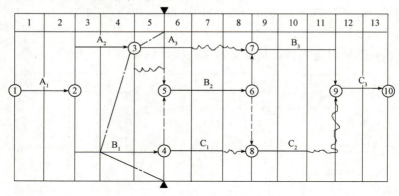

图4-17 第5个月月末的实际进度前锋线

如果后续工作按原计划执行,B_1 工作延后2个月,位于关键线路上,则工期将延长2个月,工期为15个月。

问题(2):
工期索赔成立,因为地质资料不准确属业主的风险,且 A_1 工作是关键工作。

问题(3):
(1)索赔成立,因为不可抗力造成的部分已建工程的工程费用损失应由业主支付。
(2)承包商用于施工的机械的损坏索赔不成立,因为不可抗力造成的各方的损失由各方承担。
由于工程上待安装的设备损坏索赔成立,因为虽然用于工程的设备由承包商供应,但其将形成业主资产,所以业主应支付相应费用。
(3)索赔不成立,因为对于不可抗力给承包商造成的该类费用损失不予补偿。
(4)承包商使用的临时设施损坏索赔不成立,业主使用的临时用房修理索赔成立,因为不可抗力造成的各方的损失由各方分别承担。
(5)索赔成立,因为对于不可抗力造成的工期延误,经业主签证,可顺延合同工期。
(6)索赔成立,因为清理和修复费用应由业主承担。

问题4:
(1)索赔费用:$30+1+1+3+4=39$(万元)。
(2)合同工期可顺延1.5个月。

项目小结

本项目主要介绍建设工程施工进度控制的基本概念、动态原理,进度控制的任务、措施;单位工程施工进度计划的编制;施工进度的检查方式、方法;施工进度控制的工作内容等。

复习思考题

1. 什么是进度控制？
2. 建设工程施工进度计划的编制程序有哪些？
3. 施工进度的检查方法有哪几种？
4. 建设工程施工进度控制的工作内容有哪些？

实训练习题

某工程施工总承包合同工期为20个月。在开工之前，总承包单位向总监理工程师提交了施工总进度计划，各工作均匀速进行，如图4-18所示。该计划得到总监理工程师的批准。

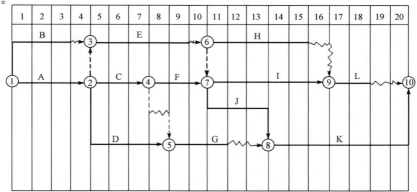

图4-18 施工总进度计划（单位：月）

当工程进行到第7个月月末时，检查进度并绘制了实际进度前锋线，如图4-19所示。

E工作和F工作于第10个月月末完成以后，业主决定对K工作进行设计变更，变更设计图纸于第13个月月末完成。工作进行到第12个月月末时，进行进度检查时发现：

(1) H工作刚刚开始。
(2) I工作仅完成了1个月的工作量。
(3) J工作和G工作刚刚完成。

请根据以上条件确定：

(1) 为了保证本工程的建设工期，在施工总进度计划中应重点控制哪些工作？
(2) 根据第7个月月末工程施工进度检查结果，分别分析E、C、D工作的进度情况对今后的工作和总工期产生什么影响。

(3)根据第12个月月末进度检查结果,在图4-19中绘出进度前锋线。此时总工期为多少个月?绘出自第13个月开始至完工时的时标网络图。

(4)由于G、J工作完成后K工作的图纸未到,K工作无法在第12个月月末开始施工,总承包单位就此向业主提出了费用索赔。请问监理工程师应如何处理?说明理由。

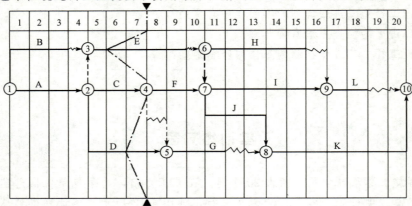

图4-19 实际进度前锋线

项目5　施工组织设计管理及建设工程项目管理概述

学习要求

学习概述	学习目标	学习重点
本项目阐述了施工组织设计的编制、审核与审批的基本步骤及基本程序；施工组织设计在施工中的动态管理的基本知识；建设工程项目的基本含义。	通过学习，掌握施工组织设计在施工中的相关控制及管理，了解建设工程项目管理的含义。	施工组织设计的编制、审核与审批的基本步骤及基本程序；施工组织设计在施工中的动态管理的基本知识。

任务1　施工组织设计的编制、审核与审批

★5.1.1　施工组织设计编制、审核与审批的一般规定★

根据《建筑施工组织设计规范》(GB/T 50502—2009)的第3.0.5条，施工组织设计的编制和审批应符合下列规定：

(1)施工组织设计应由项目负责人主持编制，可根据需要分阶段编制和审批。

(2)施工组织总设计应由总承包单位技术负责人审批；单位工程施工组织设计应由施工单位技术负责人或技术负责人授权的技术人员审批；施工方案应由项目技术负责人审批；重点、难点分部分项工程和专项工程施工方案应由施工单位技术部门组织相关专家评审，由施工单位技术负责人批准。

(3)由专业承包单位施工的分部分项工程或专项工程的施工方案，应由专业承包单位技术负责人或技术负责人授权的技术人员审批；有总承包单位时，应由总承包单位项目技术负责人核准备案。

(4)规模较大的分部分项工程和专项工程的施工方案应按单位工程施工组织设计进行编制和审批。

施工组织设计在实际编制及使用过程中应遵照以上规定，结合工程的实际情况，按照正常的编制步骤进行系统科学的编制，编制完成后要遵循规定的审核与审批程序，未经审核及审批的施工组织设计不允许使用。

★5.1.2 危险性较大的分部分项工程施工方案编制、审核与审批的一般规定★

危险性较大的分部分项工程施工方案的编制、审核与审批，应符合建质〔2009〕87号文件《危险性较大的分部分项工程安全管理办法》对专项施工方案的编制、审核和审批的相关规定。

专项方案应当由施工单位技术部门组织本单位施工技术、安全、质量等部门的专业技术人员进行审核。经审核合格的，由施工单位技术负责人签字。实行施工总承包的，专项方案应当由总承包单位技术负责人及相关专业承包单位技术负责人签字。

建设单位在申请领取施工许可证或办理安全监督手续时，应当提供危险性较大的分部分项工程清单和安全管理措施。施工单位、监理单位应当建立危险性较大的分部分项工程安全管理制度。

施工单位应当在危险性较大的分部分项工程施工前编制专项方案；对于超过一定规模的危险性较大的分部分项工程，施工单位应当组织专家对专项方案进行论证。

建筑工程实行施工总承包的，专项方案应当由施工总承包单位组织编制。其中，起重机械安装拆卸工程、深基坑工程、附着式升降脚手架等专业工程实行分包的，其专项方案可由专业承包单位组织编制。

任务2　施工组织设计动态管理

根据《建筑施工组织设计规范》(GB/T 50502—2009)的第3.0.6条，施工组织设计应实行动态管理，并符合下列规定：

(1)项目施工过程中，发生以下情况之一时，施工组织设计应及时进行修改或补充：
①工程设计有重大修改。
②有关法律、法规、规范和标准实施、修订和废止。
③主要施工方法有重大调整。
④主要施工资源配置有重大调整。
⑤施工环境有重大改变。

(2)经修改或补充的施工组织设计应重新审批后实施。

(3)项目施工前，应进行施工组织设计逐级交底；项目施工过程中，应对施工组织设计的执行情况进行检查、分析并适时调整。

第3.0.7条规定：施工组织设计应在工程竣工验收后归档。

施工中难免会由于各种原因造成计划的偏差，施工组织设计并不是一成不变的，工程技术人员要随时根据施工动态对出现偏差的部分及时检查、及时修正，以消除施工组织设计与施工实际情况的脱节，所有变化调整的结果要实事求是地记录成文件，相关责任人要签字盖章，履行相关程序并归档保管以作为随时被查的基础资料及相关依据。

任务 3　　建设工程项目管理概述

★5.3.1　项目的定义与特征★

1. 项目的定义

项目是一个特殊的、将被完成的有限任务，它是在一定时间内，满足一系列特定目标的多项相关工作的总称。项目的定义包含 3 层含义：第一，项目是一项有待完成的任务，且有特定的环境与要求；第二，在一定的组织机构内，利用有限资源（人力、物力、财力等）在规定的时间内完成任务；第三，任务要满足一定性能、质量、数量、技术指标等要求。这三层含义对应着项目的三重约束——时间、费用和性能。项目的目标就是满足客户、管理层和供应商在时间、费用和性能（质量）上的不同要求。

2. 项目的特征

一般来说，项目具有以下 3 个基本特征：

（1）项目实施的一次性。项目不能重复，每个项目都是唯一的，项目的结果是不可逆转的，无论结果如何，项目一旦结束，结果也就随之确定。

（2）性质目标的明确性。项目完成的结果只可能是一种期望的产品，也可能是一种所希望得到的服务，项目必有确定的终点，在项目的具体实施中，外部和内部因素总是会发生一些变化，当项目目标发生实质性变动时，它不再是原来的项目，而是一个新的项目，因此，项目的目标是确定的。

（3）项目的整体性。作为项目应具有完整的结构或完整的组织管理等。

以上为项目的 3 个基本特征，除此之外，项目还具有以下两项特征：

①具有一定的约束性。每个项目都需要运用各种资源来实施，而资源是有限的（包括限定的成本费用），这是资源约束；在规定的时间限制下完成的项目，这是时间的约束；具有限定的质量标准（建造质量标准、管理质量标准等），这是质量标准约束。

②具有特定的委托人。特定的委托人既是项目结果的需求者，也是项目实施的资金提供者。

★5.3.2　建设工程项目★

5.3.2.1　建设工程项目的基本含义

建设工程项目（construction project），简称建设项目，是属于固定资产的建设过程，包括形成固定资产的一系列过程。

固定资产是具有最低特定价值和最低使用期限的资产。

应特别注意：固定资产是用来生产经营使用的，而不是用来销售的。

满足建设工程项目的条件如下：

（1）总体设计施工。

(2)建成后具有完整体系及生产能力或使用价值。

这里所说的建设工程项目,是指为完成依法立项的新建、改建、扩建的各类工程(土木工程、建筑工程及安装工程等)而进行的、有起止日期的、达到规定要求的一组相互关联的受控活动组成的特定过程,包括策划、勘察、设计、采购、施工、试运行、竣工验收和移交等。

5.3.2.2 建设工程项目的特征

一般来说,建设工程项目具有以下特征:

(1)在一个总体设计或初步设计范围内,由一个或若干个互相有内在联系的单项工程所组成,每个单项工程又可分为若干单位工程、分部工程、分项工程,在建设中实行统一核算、统一管理。

(2)在一定的约束条件下,以形成固定资产为特定目标。约束条件有:时间约束,即有建设工期目标;资源约束,即有投资总量目标(如具有投资限额标准,即只有达到一定限额投资的才作为建设项目,不满限额标准的称为零星固定资产购置);质量约束,即每个建设项目都有预期的生产能力(如公路的通行能力)、技术水平(如使用功能的强度、平整度、抗滑能力等)或使用效益目标。

(3)需要遵循必要的建设程序和特定的建设过程,即一个建设项目从提出建设的设想、建议、方案选择、评估、决策、勘察、设计、施工直到竣工,投入使用,均有一个有序的全过程。

(4)按照特定的任务,具有一次性特点的组织形式。其表现是投资的一次性投入、建设地点的一次性固定、设计单一、施工单件。

★5.3.3 建设工程项目管理★

5.3.3.1 建设工程项目管理的含义

项目管理(project management)是美国最早的曼哈顿计划原先的名称,后由华罗庚教授在 20 世纪 50 年代引进中国(由于历史原因称为统筹法或优选法),我国台湾称之为项目专案。

项目管理是"管理科学与工程"学科的一个分支,是介于自然科学和社会科学之间的一门边缘学科。

项目管理的定义:"项目管理是基于被接受的管理原则的一套技术方法,这些技术或方法用于计划、评估、控制工作活动,以按时、按预算、依据规范达到理想的最终效果"。

建设工程项目管理(construction project management),简称为项目管理,是组织运用系统的观点、理论和方法,对建设工程项目进行的计划、组织、指挥、协调和控制等专业化活动。

5.3.3.2 建设工程项目范围的确定

建设工程项目范围的确定是建设工程项目实施和管理的基础性工作。其范围必须有相应的文件描述。在规划文件、设计文件、招标投标文件、计划文件中应有明确的项目范围说明内容。在项目的设计、计划、实施和后评价中,必须充分利用项目范围说明文件。范围说明文件是项目进度管理、合同管理、成本管理、资源管理和质量管理等的依据。

建设工程项目结构分析是在建设工程项目范围确定的基础上进行的，是对建设工程项目范围的系统分析。将建设工程项目范围分解到工作单元，即分解到可管理（计划、控制和考核）的活动，如分部工程或分项工程。工作单元的定义通常包括工作范围、质量要求、费用预算、时间安排、资源要求和组织责任等内容。工作界面指工作单元之间的结合部（或称为接口部位），即工作单元之间的相互作用、相互联系、相互影响的复杂关系。工作界面分析指对界面中的复杂关系进行分析。

建设工程项目结构分解的结果是工作分解结构（Work Breakdown Structure，WBS），它是建设工程项目管理的重要工具。分解的终端应是工作单元。建设工程项目工作任务表通常包括工作编码、工作名称、工作任务说明、工作范围、质量要求、费用预算、时间安排、资源要求和组织责任等内容。

建设工程项目管理的内容一般包括项目合同管理、项目采购管理、项目进度管理、项目质量管理、项目职业健康安全管理、项目环境管理、项目成本管理、项目资源管理、项目信息管理、项目风险管理、项目沟通管理、项目收尾管理等。

5.3.3.3　建设工程项目管理规划文件

根据建设工程项目管理的需要，建设工程项目管理规划文件可分为建设工程项目管理规划大纲和建设工程项目管理实施规划两类。建设工程项目管理规划大纲的作用是作为投标人的建设工程项目管理总体构想或建设工程项目管理的宏观方案，指导建设工程项目投标和签订施工合同；建设工程项目管理实施规划是建设工程项目管理规划大纲的具体化和深化，作为项目经理部实施建设工程项目管理的依据。

施工组织设计是传统的指导施工准备和施工的全面性技术经济文件；质量计划是进行全面质量管理和贯彻质量管理体系标准中提倡使用的计划性文件；建设工程项目管理实施规划是项目经理部实施项目的管理文件。由于三者在内容和作用上具有一定的共性，故在国家规范中提出承包人的建设工程项目管理实施规划可以用施工组织设计代替，但由于施工组织设计中管理内容不足，质量计划又是主要为质量管理服务，因此规范中条文指出，两者应补充建设工程项目管理的内容，使之能满足建设工程项目管理实施规划的要求。但是，大型项目应单独编制建设工程项目实施规划，以便规范管理工作。

1. 建设工程项目管理规划大纲

建设工程项目管理规划大纲具有战略性、全局性和宏观性，显示投标人的技术和管理方案的可行性与先进性，有利于投标竞争，因此，需要依靠组织管理层的智慧与经验，取得充分依据，发挥综合优势进行编制。

编制建设工程项目管理规划大纲从明确项目目标到形成文件并上报审批，反映了其形成过程的客观规律性。

建设工程项目管理规划大纲应与招标文件的要求一致，为编制投标文件提供资料，为签订合同提供依据。

建设工程项目管理规划大纲的内容应包括下列几个方面：

（1）建设工程项目概况，应包括项目的功能、投资、设计、环境、建设要求、实施条件（合同条件、现场条件、法规条件、资源条件）等，不同的建设工程项目管理者可根据各自管理的要求确定内容。

(2)建设工程项目范围管理规划，应对项目的过程范围和最终可交付工程的范围进行描述。

(3)建设工程项目管理目标规划，应明确质量、成本、进度和职业健康安全的总目标并进行可能的目标分解。

(4)建设工程项目管理组织规划，应包括组织结构形式、组织构架、确定项目经理和职能部门、主要成员人选及拟建立的规章制度等。

(5)建设工程项目成本管理规划、项目进度管理规划、项目质量管理规划、项目职业健康安全与环境管理规划、项目采购与资源管理规划，应包括管理依据、程序、计划、实施、控制和协调等。

(6)建设工程项目信息管理规划主要指信息管理体系的总体思路、内容框架和信息流设计等规划。

(7)建设工程项目沟通管理规划主要指项目管理组织就项目所涉及的各有关组织及个人相互之间的信息沟通、关系协调等工作的规划。

(8)建设工程项目风险管理规划主要是对重大风险因素进行预测，估计风险量，进行风险控制、转移或自留的规划。

(9)建设工程项目收尾管理规划包括工程收尾、管理收尾、行政收尾等方面的规划。

2. 建设工程项目管理实施规划

建设工程项目管理实施规划应以建设工程项目管理规划大纲的总体构想和决策意图为指导，具体规定各项管理业务的目标要求、职责分工和管理方法，把履行合同和落实建设工程项目管理目标责任书的任务贯彻在实施规划中，是项目管理人员的行为指南。

建设工程项目管理实施规划编制的主要内容是详细的组织编制。在具体编制时，各项内容仍存在先后顺序关系，需要统一协调和全面审查，以保证各项内容的关联性。

编制建设工程项目管理实施规划的依据中，最主要的是建设工程项目管理规划大纲，应保持二者的一致性和连贯性，其次是同类建设工程项目的相关资料。

建设工程项目管理实施规划应包括的内容有以下几项：

(1)建设工程项目概况应在建设工程项目管理规划大纲的基础上根据建设工程项目实施的需要进一步细化。

(2)总体工作计划应将项目管理目标、项目实施的总时间和阶段划分具体明确，对各种资源的总投入作出安排，提出技术路线、组织路线和管理路线。

(3)组织方案应编制出项目的项目结构图、组织结构图、合同结构图、编码结构图、重点工作流程图、任务分工表、职能分工表并进行必要的说明。

(4)技术方案主要是技术性或专业性的实施方案，应辅以构造图、流程图和各种表格。

(5)进度计划应编制出能反映工艺关系和组织关系的计划、可反映时间计划、反映相应进程的资源(人力、材料、机械设备和大型工具等)需用量计划以及相应的说明。

(6)质量计划、职业健康安全与环境管理计划、成本计划、资源需求计划、风险管理计划、信息管理计划、项目沟通管理计划和项目收尾管理计划，均应按相应章节的条文及说明编制。为了满足项目实施的需求，应尽量细化，尽可能利用图表表示。各种管理计划(规划)应保存编制的依据和基础数据，以备查询和满足持续改进的需要。在资源需求计划编制前应与供应单位协商，编制后应将计划提交供应单位。

(7)建设工程项目现场平面布置图按施工总平面图和单位工程施工平面图设计和布置的

常规要求进行编制，须符合国家有关标准。

（8）建设工程项目目标控制措施应针对目标需要进行制订，具体包括技术措施、经济措施、组织措施及合同措施等。

（9）技术经济指标应根据项目的特点选定有代表性的指标，且应突出实施难点和对策，以满足分析评价和持续改进的需要。

每个建设工程项目的项目管理实施规划执行完成以后，都应当按照管理的策划、实施、检查、处置循环原理进行认真总结，形成文字资料，并同其他档案资料一并归档保存，为建设工程项目管理规划的持续改进积累管理资源。

5.3.3.4　建设工程项目管理组织

建设工程项目管理组织泛指参与工程项目建设各方的项目管理组织，包括建设单位、设计单位、施工单位的项目管理组织，也包括工程总承包单位、代建单位、项目管理单位等参建方的建设工程项目管理组织。由于建设单位是建设工程项目的投资者与组织者，建设单位所确定的项目实施模式必然对参建各方的项目管理组织产生重大影响。

建设工程项目管理组织构架科学合理指的是组织构架与其履行的职责相适应、能顺畅运行集约化的工作流程。其具体包含两层含义：一是参建各方建设工程项目管理组织自身内部构架应科学合理；二是指同一建设工程项目参建各方所形成的项目团队的整体构架也应科学合理。

组织的目标和责任明确是高效工作的前提。建设工程项目管理组织的管理工作人员的职业素质是高效工作的基础，而工作人员具备相应的从业、执业资格则是其职业素质的基本保证。

在建设工程项目实施全过程的各个不同阶段将有不相同的管理需求，因此建设工程项目管理组织可根据实际需要进行适当调整，但这种调整应以不影响组织机构的稳定为前提。

5.3.3.5　建设工程项目经理责任制

建设工程项目管理工作成功的关键是推行和实施项目经理责任制。建设工程项目完成后，对项目经理和项目管理工作评价的主要依据是项目管理目标责任书，因为它是确定项目经理和其领导成员的职责、义务和项目管理目标的制度性文件。这就是项目管理区别于其他管理模式的显著特点。

建设工程项目管理目标责任书由法定代表人或其授权人与项目经理签订。其具体明确项目经理及其管理成员在项目实施过程中的职责、权限、利益与奖罚。建设工程项目管理目标责任书是规范和约束组织与项目经理部各自的行为，考核项目管理目标完成情况的重要依据，属于内部合同。

组织要以项目经理责任制为核心，建立健全适应项目管理活动的各项制度，主要包括岗位责任制度、计划管理制度、质量安全保证制度、财务核算制度、效绩考核奖惩制度及内业管理制度等内容。

项目小结

本项目总结了施工组织设计编制、审核与审批的基本步骤及基本程序，包括编制责任人及审批权限；阐述了施工组织设计在施工中动态管理的基本知识；介绍了建设工程项目的基本概念、建设工程项目管理的基本知识以及常见的建设工程项目管理相关规划文件。

复习思考题

1. 单位工程施工组织设计应由谁主持编制？如何审批？
2. 施工组织总设计应由谁审批？
3. 分部分项工程和专项工程施工方案应如何进行审核和审批？
4. 建设工程项目的特征有哪些？
5. 如何确定建设工程项目的范围？
6. 建设工程项目管理规划文件与施工组织设计有何关系？二者的表达方式有何关系？

项目 6　基于 BIM 的施工场地布置

> **学习要求**

学习概述	学习目标	学习重点	教学建议
本项目以鲁班三维场地布置软件为例，对基于 BIM 的施工场地布置应用作了阐述，内容包括场地布置简介、三维场地布置软件的 CAD 图纸导入、施工场地设施布置、统计及场地规范检查。	通过本项目的学习，掌握三维场地布置的概念，掌握三维场地布置软件的使用操作步骤，为在实际工作中应用三维场地布置软件打下基础。	三维场地布置软件的概念、CAD 图纸的导入、构件的属性设置方法、场地设施统计及规范检查。	教学建议在安装了三维场地布置软件的机房进行，采用边学边练的教学方式。练习时，可以分组进行，小组之间可以相互沟通。教学时间建议不少于 4 学时。

任务 1　基于 BIM 的施工场地布置简介

传统施工场地布置一般依据二维平面图纸的尺寸标注和现场施工人员的经验进行。在实际施工过程中，设备与操作区域等时有运行交叉现象发生。随着施工进度的动态化推进，传统的施工场地布置方法已不能满足施工需要。在基于 BIM 的三维可视化作图环境下，施工场地的布置显得更为直观。利用 BIM 技术中的三维场地布置、工程量统计、施工过程动态模拟、合规性检查等功能对施工场地进行布置和优化，提高施工场地布置效率。

随着我国 BIM 技术的应用推广，鲁班、品茗和广联达等公司都推出了相应的三维场地布置软件。这些三维场地布置软件功能类似，下面以鲁班三维场地布置软件（简称场布软件）为例，介绍基于 BIM 的施工场地布置。

根据施工平面布置的需要，软件将构件划分为 16 个大类，将每个构件大类划分成若干个构件小类，以满足施工场地布置的要求，详细构件类型见表 6-1。

表 6-1　详细构件类型

构件大类	构件小类
地形图	场区地貌
围墙大门	围墙、大门、闸机
道路硬化	道路、场地硬化
构建筑物	拟建筑物、毗邻建筑物、烟茶亭、洗车池、地磅

续表

构件大类	构件小类
办公生活	活动板房、食堂、厕所、浴室、旗台、洗漱池、篮球场、垃圾桶、汽车、自行车、停车场
排水排污	水管、排水沟、化粪池、隔油池、竖井
绿色文明	材料标识牌、宣传栏、安全宣讲台、LED屏、洒水车、树木、盆栽、花、草坪
安全防护	安全围护、安全通道、防护棚、外脚手架、卸料平台、满堂脚手架、钢管爬梯、上人马道
基坑围护	围护、基坑
临时用电	变压器、总配电箱、总配电室、分配电箱、开关箱、电缆
消防设施	灭火器箱、灭火器、消火栓、消防架、消防柜、消防沙箱、消防水池
加工设施	钢筋加工棚、钢筋切断机、闪光对焊机、钢筋调直机、钢筋弯曲机、螺纹套丝机、木工加工棚、平刨、圆锯
材料堆场	钢筋原材堆场、钢筋半成品堆场、模板堆场、木方堆场、钢管堆场、砌块堆场、砂石堆场
施工机械	塔式起重机、施工电梯、汽车吊、履带吊、挖掘机、推土机、装载机、土方车、汽车泵、地泵、泵管、布料机、混凝土罐车、打桩机
基本构件	轴线、柱、墙、梁、板、门、窗
其他图库	指北针、水准点、用地红线、自定义FB6、自定义贴图、组合构件、其他构件

任务 2　基于 BIM 的施工场地布置应用

基于 BIM 的施工场地布置应用，建立模型的操作流程如图 6-1 所示。

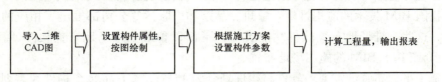

图 6-1　建立模型的操作流程

★6.2.1　工程设置、工程概况及企业徽标★

软件启动后，新建一个工程项目。新建工程项目后，进行工程设置，可以设置工程概况和企业徽标，如图 6-2 所示。

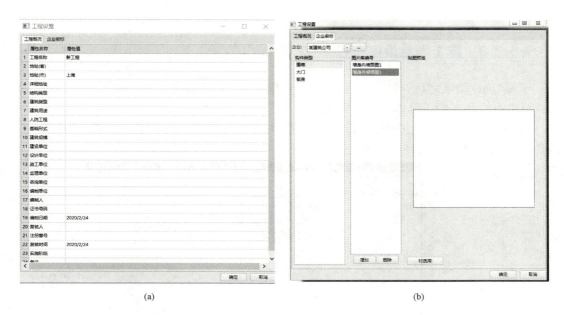

图 6-2 工程设置
（a）工程概况；（b）企业徽标

★6.2.2　CAD 图纸导入★

进行基于 BIM 的施工场地布置，首先应该有场地布置的 CAD 图纸，将图纸导入三维场地布置软件作为建模的底图。导入 CAD 图纸即将图纸导入三维场地布置软件，操作步骤为选择"CAD 转化"→"导入 CAD"命令，如图 6-3 所示。

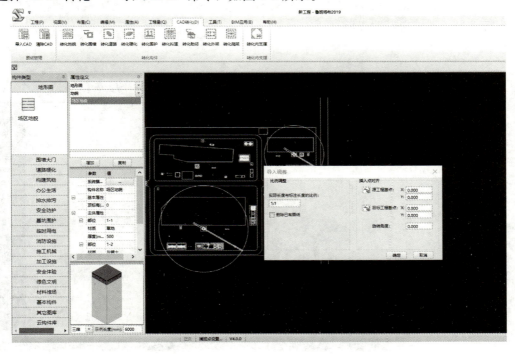

图 6-3　导入 CAD 图纸

213

★6.2.3 施工场地设施布置★

导入 CAD 图纸之后,就可以对现场进行建模了。建模前应对建模构件进行属性设置,之后再进行构件布置。具体操作步骤如下:

(1)属性设置:对相应构件进行属性设置(如场区地貌、大门、道路、临时用房、运输设备等)。图 6-4 所示为场区地貌设置。

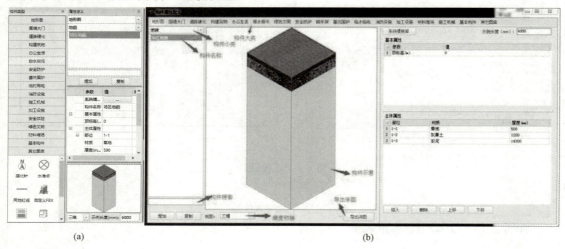

图 6-4 厂区地貌设置
(a)属性定义;(b)构件编辑设置界面

(2)构件布置:现以活动板房为例介绍构件布置,选择"办公生活"→"活动板房"命令。图 6-5 所示为活动板房设置界面。

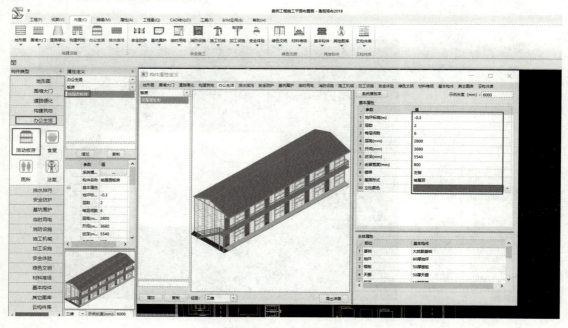

图 6-5 活动板房设置界面

(3)线性绘制：以绘制围墙为例，如图 6-6 所示。

①单击构件(围墙)图标，或按住 Ctrl 键，在"属性定义"栏单击构件名称，执行"绘制"命令。

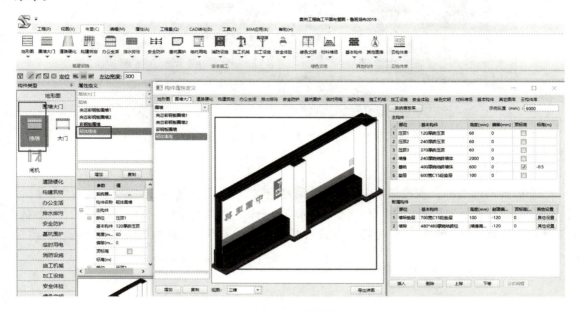

图 6-6　绘制围墙

②完成绘制，若线性构件未闭合，会弹出图 6-7 所示的提示对话框。

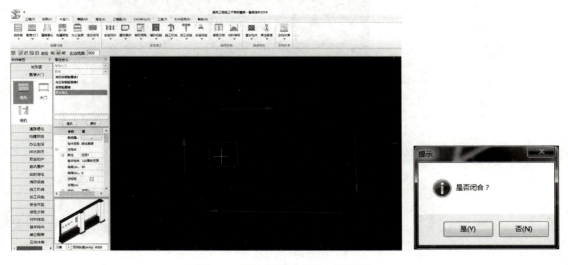

图 6-7　线性构件未闭合时的提示

③在绘制过程中，若发现前面长度或位置错了，可以按"Ctrl＋Z"组合键退至上一步。

④绘制墙体时，要按顺时针方向绘制。绘制好的墙体三维模型如图 6-8 所示。

图 6-8　墙体三维模型

（4）点选布置。

①单击构件图标，或按住 Ctrl 键，在"属性定义"栏单击构件名称，执行"布置"命令。

②命令行提示"选择插入点"→"选择插入点"→…。此时光标由"箭头"变为"十"字形状，工具栏中出现"活动布置栏"，可选择布置后是否旋转，图 6-9 所示为旋转设置。

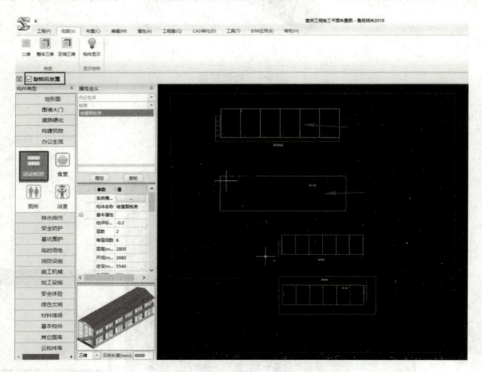

图 6-9　旋转设置

③在布置过程中，若发现前面位置错了，可以按"Ctrl＋Z"组合键退至上一步。

④按 Enter 键或用鼠标右键完成布置。

（5）面域绘制（以绘制场区地貌为例）。

①单击构件（场区地貌）图标，或按住 Ctrl 键，在"属性定义"栏单击构件名称，执行"绘制"命令。

②命令行提示"指定第一点"→"指定下一点"→…。此时光标由"箭头"变为"十"字形状，工具栏中出现"活动布置栏"，可选择的绘制方式有直线、三点弧、矩形、圆形，如图 6-10 所示。

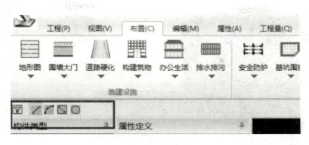

图 6-10　绘制方式

③在绘制过程中，不允许出现自交，否则会弹出图 6-11 所示的提示对话框。

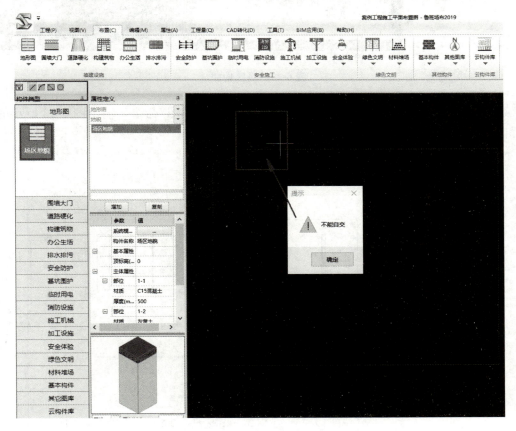

图 6-11　自交时的提示

④在绘制过程中，若发现前面长度或位置错了，可以按"Ctrl+Z"组合键退至上一步。
⑤完成绘制，线性构件会自动闭合。图 6-12 所示为场区地貌。

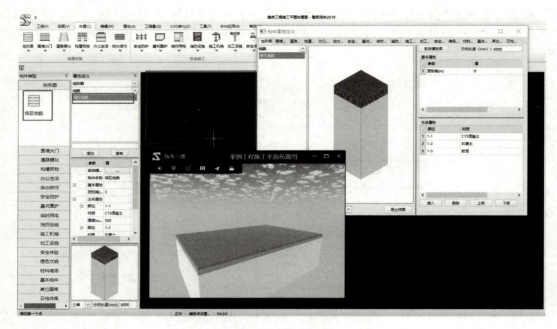

图 6-12　场区地貌

(6) 输出施工详图：选择菜单栏中的"工程"→"施工详图"命令，输出图 6-13 所示的施工详图。

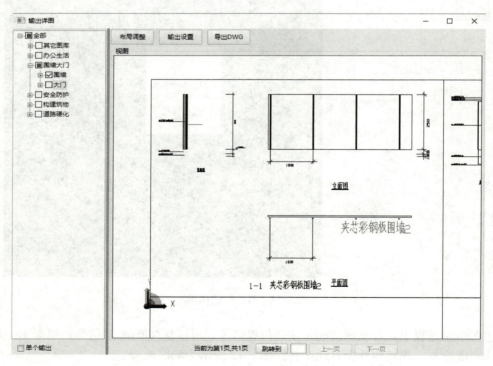

图 6-13　施工详图

(7) 输出三维模型：选择菜单栏中的"视图"→"整体三维"命令，输出图 6-14 所示的三维模型。

图 6-14　三维模型

在二维状态下绘制漫游路径，然后进行三维漫游。按路径漫游支持循环、显示路径、反向等命令，还可对漫游速度进行调节，选择是否开启碰撞、定位地图等。图 6-15 所示为三维漫游。

图 6-15　三维漫游

★ 6.2.4　场地设施统计 ★

输出工程量报表：选择菜单栏中的"工程量"→"计算"→"报表"命令，如图 6-16 所示。单击"导出"按钮输出工程量报表。

图 6-16　输出工程量报表

★6.2.5　场地规范检查★

软件内置《建筑施工安全检查标准》(JGJ 59—2011)、《建设工程施工现场消防安全技术规范》(GB 50720—2011)，可协助施工场地布置进行合理性分析，查漏修改并输出检查报告。选择"工程"→"规范检查"命令进行检查。图 6-17 所示为规范检查及检查结果输出。

图 6-17　规范检查及检查结果输出
(a) 规范检查；(b) 检查结果输出

项目小结

　　施工场地布置是施工组织设计的一项重要内容,由于其影响因素多、内容庞杂,因此,施工场地布置是一项复杂的工作。施工总体布置方案涉及许多因素,可以从不同的角度进行评价,需要动态调整,运用 BIM 技术可进行三维施工场地布置,借助可视化手段为工程项目施工提供决策依据。

复习思考题

1. 什么是 BIM?
2. 基于 BIM 的施工场地布置应用包括哪些内容?
3. 如何导入 CAD 图纸?
4. 如何修改构件的属性?
5. 场地规范检查所依据的规范有哪些?

参 考 文 献

[1]《建筑施工手册(第五版)》编写组. 建筑施工手册[M]. 5 版. 北京：中国建筑工业出版社，2012.

[2] 牟培超. 建筑工程施工组织与项目管理[M]. 上海：同济大学出版社，2011.

[3] 危道军. 建筑施工组织[M]. 4 版. 北京：中国建筑工业出版社，2017.

[4] 郑少瑛，周东明，王东升. 建筑工程施工技术与管理[M]. 徐州：中国矿业大学出版社，2010.

[5] 中国建设监理协会. 建设工程进度控制[M]. 北京：中国建筑工业出版社，2009.

[6] 蔡红新. 建筑施工组织与进度控制[M]. 北京：北京理工大学出版社，2011.

[7] 全国造价工程师职业资格考试培训教材编写委员会. 全国一级造价工程师职业资格考试培训教材 建设工程造价案例分析(土木建筑工程、安装工程)[M]. 北京：中国城市出版社，2019.